Thomas Bührke

$E = mc^2$

Thomas Bührke

$E = mc^2$

Einführung in die
Allgemeine und Spezielle Relativitätstheorie

Mit Schwarzweißabbildungen
von Nadine Schnyder

Anaconda

Lizenzausgabe mit freundlicher Genehmigung
© 1999 Deutscher Taschenbuch Verlag GmbH & Co. KG, München
Der vorliegende Band ist ein unveränderter Nachdruck
der 8. Auflage April 2010.

Penguin Random House Verlagsgruppe FSC© N001967

Die Deutsche Nationalbibliothek verzeichnet diese Publikation
in der Deutschen Nationalbibliografie; detaillierte bibliografische Daten
sind im Internet unter http://dnb.d-nb.de abrufbar.

© dieser Ausgabe 2015, 2024 by Anaconda Verlag,
einem Unternehmen der Penguin Random House Verlagsgruppe GmbH,
Neumarkter Straße 28, 81673 München
Alle Rechte vorbehalten.
Umschlagmotiv: Virtual Fractal Realms, istockphoto.com / © agsandrew
Umschlaggestaltung: dyadesign, Düsseldorf, www.dya.de
Druck und Bindung: CPI books GmbH, Leck
ISBN 978-3-7306-0305-5
www.anacondaverlag.de

Inhalt

Für meine Freunde, die schon immer wissen wollten, was es mit dieser wunderlichen Theorie auf sich hat.

Vorbemerkung des Herausgebers

Die Anzahl aller naturwissenschaftlichen und technischen Veröffentlichungen allein der Jahre 1996 und 1997 hat die Summe der entsprechenden Schriften sämtlicher Gelehrter der Welt vom Anfang schriftlicher Übertragung bis zum Zweiten Weltkrieg übertroffen. Diese gewaltige Menge an Wissen schüchtert nicht nur den Laien ein, auch der Experte verliert selbst in seiner eigenen Disziplin den Überblick. Wie kann vor diesem Hintergrund noch entschieden werden, welches Wissen sinnvoll ist, wie es weitergegeben werden soll und welche Konsequenzen es für uns alle hat? Denn gerade die Naturwissenschaften sprechen Lebensbereiche an, die uns – wenn wir es auch nicht immer merken – tagtäglich betreffen.

Die Reihe ›Naturwissenschaftliche Einführungen im dtv‹ hat es sich zum Ziel gesetzt, als Wegweiser durch die wichtigsten Fachrichtungen der naturwissenschaftlichen und technischen Forschung zu leiten. Im Mittelpunkt der allgemeinverständlichen Darstellung stehen die grundlegenden und entscheidenden Kenntnisse und Theorien, auf Detailwissen wird bewußt und konsequent verzichtet.

Als Autorinnen und Autoren zeichnen hervorragende Wissenschaftspublizisten verantwortlich, deren Tagesgeschäft die populäre Vermittlung komplizierter Inhalte ist. Ich danke jeder und jedem einzelnen von ihnen für die von allen gezeigte bereitwillige und konstruktive Mitarbeit an diesem Projekt.

Kaum eine wissenschaftliche Theorie der neueren Naturwissenschaften war so umstritten wie Albert Einsteins Relativitätstheorie, widerspricht sie in wesentlichen Teilen doch aller Erfahrung, die dem Menschen mit seinen Sinnen möglich ist. Entsprechend gegensätzlich waren die Reaktionen auf Einsteins Theorie. Während der Physik-Nobelpreisträger Max Born 1921 schrieb »Die Leistung der Einsteinschen Theorie krönt heute das Gebäude des naturwissenschaftlichen Weltbildes«, wetterte der ebenfalls nobelpreisgekürte Leiter des »Bundes Nationalsozialistischer Physiker« Philipp Lenard noch zehn Jahre später: »Ein beispielloser Fall von Massensuggestion und Irreführung in einem kaum für möglich zu haltenden Maßstab. Es scheint unfaßbar, wie Mathematiker, Physiker, Philosophen, ja vernünftige Menschen überhaupt sich derartiges auch nur vorübergehend einreden lassen konnten.« Thomas Bührke zeigt, daß Albert Einstein Recht hatte. In anschaulichen Vergleichen macht er das Unfaßbare verständlich und eröffnet den Blick auf einige der genialsten und faszinierendsten Ideen, die Menschen je über die Natur entwickelten.

Olaf Benzinger

Ein Patentbeamter revolutioniert
die Physik

Zwei physikalische Theorien haben zu Beginn des 20. Jahrhunderts unser Weltbild revolutioniert: Die Quantenmechanik und die Relativitätstheorie. Revolutionär waren sie aus zwei Gründen: Zum einen brachen sie mit den damals herrschenden physikalischen Gesetzen, und zum anderen beschrieben sie die Natur auf eine Weise, die dem gesunden Menschenverstand und der Alltagserfahrung eklatant widersprach. Dennoch oder gerade deshalb wurden sie zu Höhepunkten wissenschaftlichen und kulturellen Schaffens.

Während die Quantenmechanik aus der gemeinsamen Anstrengung einer größeren Gruppe von Physikern hervorging, hat die Relativitätstheorie nur einen Schöpfer: Albert Einstein. Max Planck erkannte als erster die fundamentale Bedeutung der Speziellen Relativitätstheorie und nannte sie eine kopernikanische Tat, die »an Kühnheit wohl alles, was bisher in der spekulativen Naturforschung, ja in der philosophischen Erkenntnistheorie geleistet wurde«, übertreffe. Als einen »Treppenwitz der Geschichte« empfand es indes der Würzburger Physiker Jakob Laub, daß der »neue Kopernikus« fast drei Jahre nach dessen epochaler Veröffentlichung immer noch als Schweizer Beamter in einem Patentamt arbeitete. Und nicht minder erstaunlich ist die Tatsache, daß Einstein die Theorie in einer bescheidenen Mietwohnung in Bern entwickelte.

Albert Einstein kam am 15. März 1879 in Ulm zur Welt. Sowohl in der Grundschule als auch später im Gymnasium war er ein guter bis sehr guter Schüler, obwohl ihm die Autorität der Lehrer und der alltägliche Drill die Freude am Lernen weitgehend verleideten. Der Vater betrieb zusammen mit seinem Bruder ein Elektrogeschäft, dessen Sitz sie 1893 nach Italien verlegten. Der 15jährige Albert konnte seinen Eltern jedoch nicht folgen, da er nicht ausreichend italienisch sprach, um dort das Abitur abzulegen. Nachdem er am Polytechnikum in Zürich durch die Aufnahmeprüfung gefallen war, kam er in der Schweizer Kantonsschule in Aarau unter, wo er 1896 die Matura als bester von neun Kandidaten erlangte. Zwei Wochen später begann er sein Studium in Zürich an der renommierten Eidgenössischen Polytechnischen Schule, der »Poly«.

Der Student Einstein konnte sich, wie schon in der Schule, nicht so recht dem Diktat des Studienplanes fügen. Vielmehr studierte er zu Hause die Meister der theoretischen Physik »mit heiligem Eifer«. Am stärksten faszinierte ihn die Maxwellsche Theorie elektromagnetischer Felder, die ihm »wie eine Offenbarung« vorkam.

Im Sommer 1900 legte er das Diplom als Fachlehrer in Mathematik und Physik ab. Mit 4,91 von sechs möglichen Punkten hatte er zwar einen guten Abschluß erzielt, aber die erhoffte Anstellung als wissenschaftlicher Assistent an der Poly blieb ihm versagt. Nach kurzen Intermezzi als Hilfslehrer in Winterthur und als Privatlehrer in Schaffhausen ging er schließlich nach Bern, wo er im Juni 1902 eine Stelle am eidgenössischen »Amt für geistiges Eigentum« antrat.

Er war überfroh, endlich eine Arbeit gefunden zu haben, die ihm gut gefiel, da »sie ungemein abwechslungsreich ist und viel zu denken gibt«. Ganz offensichtlich genügte ihm die geistige Nahrung am Patentamt aber nicht, denn nebenbei beschäftigte er sich mit Problemen der Physik. Schon kurz nach seiner Ankunft in Bern hatte er eine Art Debattierklub, die »Akademie Olympia«, gegründet. Abends traf sich Einstein mit dem rumänischen Philosophiestudenten Maurice So-

Iovine und mit Conrad Habicht, der in Bern Mathematik studierte. Dann lasen sie Werke von Mach, Hume oder Poincaré und diskutierten bis spät in die Nacht hinein, während sich der Raum zunehmend mit erstickendem Tabakqualm füllte.

Man kann sich die damalige Situation gar nicht paradox genug vorstellen: Acht Stunden am Tag, sechs Tage in der Woche begutachtete der technische Experte III. Klasse an einem Stehpult Patenteinreichungen, und in der übrigen Zeit wälzte er in seinem Kopf tiefgründige physikalische Probleme. Bereits seit 1901 hatte er in den ›Annalen der Physik‹ mehrere Schriften veröffentlicht, doch das Jahr 1905 sollte für ihn zum *annus mirabilis*, dem Wunderjahr, werden. Hier erschienen gleich sechs Arbeiten. Für eine erhielt er später den Physik-Nobelpreis, eine der anderen ging als Spezielle Relativitätstheorie in die Geschichte ein.

Einstein ist in seinem Leben oft gefragt worden, wie er auf die Relativitätstheorie gekommen sei, welche Gedanken ihn dabei geleitet hätten. Stets antwortete er ausweichend und ungenau, so etwa bei einem Vortrag, den er 1922 an der Universität von Kyoto hielt: »Es fällt mir nicht leicht darüber zu sprechen, wie ich auf die Theorie der Relativität gekommen bin; sehr viele verborgene Verwicklungen regten meine Gedanken an.« Eine dieser Verwicklungen spukte ihm schon seit seinem 16. Lebensjahr im Kopf herum: »Wenn ich einem Lichtstrahl nacheile mit Geschwindigkeit c (Lichtgeschwindigkeit im Vakuum), so sollte ich einen solchen Lichtstrahl als ruhendes, räumlich oszillierendes elektromagnetisches Feld wahrnehmen. So was kann es aber nicht geben, weder aufgrund der Erfahrung noch gemäß den Maxwellschen Gleichungen. Intuitiv klar schien es mir von vornherein, daß von einem solchen Beobachter aus beurteilt, alles sich nach denselben Gesetzen abspielen müsse wie für einen relativ zur Erde ruhenden Beobachter. Denn wie sollte der erste Beobachter wissen bzw. konstatieren können, daß er sich im Zustand rascher gleichförmiger Bewegung befindet? Man sieht, daß in diesem Paradoxon der Keim zur Speziellen Relativitätstheorie schon enthalten ist.«

In der Tat spiegelt dieses Gedankenexperiment, das Einstein 1949 in ›Autobiograpisches‹ beschrieb, eine tiefgründige Krise der Physik um die Jahrhundertwende wider. Es deckte nämlich einen Widerspruch zwischen der Newtonschen Mechanik und der Maxwellschen Elektrodynamik auf, der damals zwar bekannt war, den aber die führenden Physiker entweder ignorierten oder durch feinsinnige Hypothesen wegzudiskutieren suchten.

Auf der einen Seite stand das schon von Galilei erkannte und von Newton aufgegriffene Gesetz, wonach alle physikalischen Vorgänge in gleichförmig – das heißt mit konstanter Geschwindigkeit – bewegten Systemen gleich ablaufen. Nimmt man beispielsweise einen Stein in die Hand und läßt ihn los, so wird er stets senkrecht zum Boden fallen, egal, ob wir dieses Experiment zu Hause oder in einem Zug durchführen, der konstant mit 200 Kilometern pro Stunde über die Schienen rast. Physiker nennen diese gleichförmig bewegten Systeme Inertialsysteme. In ihnen haben alle physikalischen Gesetze die gleiche Form.

Genau das aber war der entscheidende Punkt in Einsteins Gedankenexperiment, in dem er sich wie ein Surfer auf eine Lichtwelle gesetzt hatte. Bewegte man sich mit Lichtgeschwindigkeit, so scheinen die Lichtwellen um einen herum stillzustehen, und man würde gar kein Licht mehr wahrnehmen. Dies widersprach aber den Maxwellschen Gleichungen, wonach sich Lichtwellen immer bewegen müssen. Das bedeutete, die Newtonsche Mechanik galt in allen gleichförmig bewegten Systemen, die Maxwellsche Theorie aber offensichtlich nicht. »Ich gewann früh die Überzeugung, daß dies in einer tiefen Unvollkommenheit des theoretischen Systems seinen Grund habe«, schrieb Einstein.

Hierbei muß man sich vergegenwärtigen, daß die von dem schottischen Physiker James Clerk Maxwell Mitte des 19. Jahrhunderts aufgestellte Theorie der elektromagnetischen Wellen zusammen mit der Newtonschen Mechanik das Fundament der damaligen Naturbeschreibung bildete. Die Werke dieser beiden Männer galten den Forschern des ausgehenden 19. Jahrhunderts als die Bibeln der Physik.

Diese offenkundige Unverträglichkeit der beiden Fundamentaltheorien wurde zudem von einem Experiment unterstrichen, das die beiden amerikanischen Physiker Albert Abraham Michelson und Edward Morley angestellt hatten. Ihre Apparatur war so angeordnet, daß sie die Lichtgeschwindigkeit bezüglich verschiedener Bewegungsrichtungen der Erde relativ zu einem Lichtstrahl messen konnten. Erstaunlicherweise schien das Licht immer dieselbe Geschwindigkeit von rund 300 000 Kilometern pro Sekunde zu besitzen, egal, wie sich der Lichtstrahl relativ zur Erde bewegte. Dies widersprach dem ehernen Gesetz, wonach sich die Geschwindigkeiten zweier zueinander bewegter Körper addieren.

In der Akademie Olympia diskutierte Einstein mit seinen Freunden über diese Probleme. Zu ihnen gehörte auch ein Kollege vom Patentamt, der Ingenieur Michelle Besso. An einem schönen Tag Mitte Mai, so erinnerte sich Einstein später, besuchte er Besso nach der Arbeit in dessen Wohnung, in der Schwarzenburgstraße 15. Wieder debattierten die beiden über das Problem, als Einstein plötzlich aufsprang und eiligst nach Hause lief. »Am nächsten Tag ging ich erneut zu ihm«, erinnerte sich Einstein später, »und sagte ihm, ohne Hallo: ›Danke. Ich habe das Problem vollständig gelöst.‹«

Es vergingen noch einmal fünf Wochen, bis der technische Experte III. Klasse die dreißigseitige Abhandlung ›Zur Elektrodynamik bewegter Körper‹ bei den ›Annalen der Physik‹ einreichen konnte. In dieser Arbeit, die man einige Jahre später als Spezielle Relativitätstheorie bezeichnete, räumte er mit überkommenem Gedankengut auf. Seine neue Theorie gründete sich im wesentlichen auf zwei Annahmen. Erstens: Die Gesetze der Mechanik und der Elektrodynamik gelten unverändert in allen gleichförmig bewegten Systemen. Zweitens: Die Lichtgeschwindigkeit ist unabhängig vom Bewegungszustand des Beobachters relativ zum Lichtstrahl immer gleich groß. Diese Annahmen führten zwangsläufig zum Sturz des alten Galileischen Theorems, wonach sich die Geschwindigkeiten von zueinander bewegten Körpern einfach addieren. Nach Einstein muß man eine kompliziertere Umrechnung vornehmen.

Im Alltag bemerkt man die Ungenauigkeit des Galileischen Gesetzes nicht. Einsteins neue Transformation hatte nämlich die Eigenschaft, daß sie sich für Geschwindigkeiten, die sehr viel kleiner sind als die des Lichts, dem gewöhnlichen Additionsgesetz annähert und schließlich von diesem nicht mehr unterscheidbar ist. Je größer aber die Geschwindigkeit wird, desto größer sind die Abweichungen. Aus der neuen Formel ließ sich auch ablesen, daß sich kein Körper und keine Information schneller als mit Lichtgeschwindigkeit bewegen kann. Dieser Riß im Fundament der Physik brachte das gesamte Gebäude zum Schwanken, insbesondere revolutionierte Einstein damit die Vorstellung von der Zeit. Nach Newton war sie ein gleichförmig tickendes Metronom, das allen Vorgängen in der Natur dasselbe Maß angab. Aus Einsteins Theorie ergab sich hingegen, daß die Zeit unterschiedlich rasch vergeht. In einem sich schnell bewegenden Raumschiff läuft eine Uhr langsamer als in einem relativ dazu ruhenden. Dies hat nichts mit einem etwaigen Einfluß auf die Mechanik von Uhren zu tun, sondern es ist eine Eigenschaft der Zeit an sich. Diese sogenannte »Zeitdilatation« wirkt sich auf alle natürlichen Vorgänge aus, auch auf das Altern menschlicher Zellen. Ein schnell fliegender Astronaut altert demnach langsamer als ein Mensch auf der Erde.

Schon kurze Zeit, nachdem Einstein das Manuskript zur Post gebracht hatte, befaßte er sich erneut mit den Konsequenzen seiner Theorie. Das Ergebnis war die berühmteste Formel der Zeitgeschichte: $E = mc^2$. Jede Art von Materie mit der Masse m besitzt einen Energieinhalt E, der sich aus der Multiplikation mit dem Quadrat der Lichtgeschwindigkeit c ergibt. An Conrad Habicht schrieb er: »Das Relativitätsprinzip im Zusammenhang mit den Maxwellschen Gleichungen verlangt nämlich, daß die Masse direkt ein Maß für die im Körper enthaltene Energie ist. Eine merkliche Abnahme der Masse müßte beim Radium erfolgen. Die Überlegung ist lustig und bestechend; aber ob der Herrgott nicht darüber lacht und mich an der Nase herumgeführt hat, das kann ich nicht wissen.« Einstein hatte daran gedacht, daß die beim radioaktiven Zerfall des Radiums freiwerdende Energie die Masse dieses Elements verringern müsse. Er hielt diesen Effekt für unmeßbar klein. Die Explosion der Atombomben sollten ihm aber fast vierzig Jahre später die ungeheure Wirkung dieser kleinen Formel deutlich vor Augen führen.

Die Spezielle Relativitätstheorie löste mit einem Schlage alle grundlegenden Probleme und wurde rasch zumindest von einigen Autoritäten anerkannt und gefeiert. Dennoch dauerte es weitere vier Jahre, bis Einsteins Traum wahr wurde: Im Oktober 1909 trat er sein erstes Lehramt an. Zu der Zeit grübelte er bereits über ein anderes Problem nach, dessen Lösung die Physik erneut revolutionieren sollte: Die Spezielle Relativitätstheorie galt nämlich ausschließlich für Systeme, die sich mit konstanter Geschwindigkeit bewegen. Ließ sich das Relativitätsprinzip aber auch auf beschleunigte Systeme übertragen?

Auch hier lag die Lösung verborgen in einem einfachen Gedankenexperiment: Ein Mensch befinde sich in einer rundum geschlossenen Kiste und sei schwerelos. Plötzlich spürt er eine Beschleunigung, die ihn zum Boden drückt. Wie kann der Mensch entscheiden, ob diese Beschleunigung dadurch zustande kommt, daß die Kiste mit einem Raketenantrieb gleichmäßig beschleunigt wird oder ob sie auf der Erdoberfläche steht und die Schwerkraft die Beschleunigung ausübt? Die Antwort lautet: Er kann es nicht entscheiden. Schwere Masse (verursacht durch die Schwerkraft) und träge Masse (als Folge der Beschleunigung) sind offenbar ununterscheidbar. Einstein spürte daher, daß ein tiefgründiger Zusammenhang zwischen einer beschleunigten Bewegung und der Schwerkraft bestehen muß.

Acht Jahre dachte Einstein über dieses Phänomen nach. Unabhängig von der aktuellen Strömung in der Forschung vergrub er sich in dieses Problem und schottete sich zum Schluß immer mehr von seinen Kollegen ab, bis er schließlich den »Heiligen Gral« in Händen hielt und aller Welt überglücklich vorstellen konnte. Es war ein langer Weg dorthin, der ihm an Kräften und Ausdauer alles abverlangte. Im November 1915 präsentierte er die Allgemeine Relativitätstheorie, die heute viele Forscher als die Krone der Physik ansehen. Sie beinhaltete eine völlig neue Beschreibung der Gravitation.

Newton hatte die Gravitation als Fernwirkungskraft verstanden, die instantan, also ohne Zeitverzögerung, überall im Raum wirkt. Diese Vorstellung unterschied sich grundlegend von der Maxwellschen Vorstellung der elektromagnetischen Kraftfelder, die von elektrisch geladenen Körpern ausgehen und sich mit endlicher Geschwindigkeit, nämlich mit der des Lichts, ausbreiten. Mit der Allgemeinen Relativitätstheorie gelang Einstein nun eine der Maxwellschen Theorie analoge Beschreibung der Schwerkraft. Demnach war sie ebenfalls ein mit Lichtgeschwindigkeit fortschreitendes Feld.

Hiermit revolutionierte Einstein auch die Vorstellung des Raumes. Nach Newton war der Raum absolut und »ohne Beziehung auf einen äußeren Gegenstand stets gleich und unbeweglich«. Nach der Einsteinschen Theorie aber war er ein dynamisches »Gebilde«. Einstein schwärmte von einer Theorie »von unvergleichlicher Schönheit« und von dem »wertvollsten Fund, den ich in meinem Leben gemacht habe«. Als sich eine seiner Voraussagen 1919 bei einer totalen Sonnenfinsternis bestätigen ließ, wurde der einstige Patentbeamte aus Bern schließlich zu einer Größe der Weltgeschichte.

Die Relativitätstheorie ist ein fester Bestandteil der modernen Physik, in zahlreichen Experimenten wurde sie bestätigt. Heute haben es sich die Theoretiker zum Ziel gesetzt, die beiden Fundamentalbeschreibungen der Natur, die Quantenmechanik und die Relativitätstheorie, in einer übergeordneten Theorie zu vereinen – bislang ohne Erfolg. Auch Einstein scheiterte an dieser Aufgabe. Er starb am 18. April 1955.

Von langsamen Uhren und verbogenen Räumen

Relativität vor Einstein

Die Relativitätstheorie umgibt bei Laien nach wie vor eine Aura des Unnahbaren und Unverstehbaren, ja geradezu des Mystischen – obwohl sie bereits fast hundert Jahre alt ist und schon lange zum selbstverständlichen Gedankengut der Forscher gehört. Sie ist auch kein exotischer Teilbereich der Physik, sondern sie bildet eines der Fundamente der Naturwissenschaften, entstanden aus dem Bemühen, die uns umgebende Welt zu begreifen und zu beschreiben. Wir können die neue Theorie in ihren Grundzügen verstehen, wenn wir bereit sind, selbstverständliche Denkgewohnheiten aus dem Alltag und der Schule über Bord zu werfen. Als besonders faszinierend erweist sich schließlich die Erkenntnis, daß die Struktur von Raum und Zeit die Gesetze des Universums bestimmt.

Heute ist der Begriff Relativität zwar untrennbar mit dem Namen Einsteins verbunden, tatsächlich aber spielt er bereits seit dem 17. Jahrhundert eine entscheidende Rolle. Wir wollen deshalb zu Beginn einen Blick auf einige Aspekte der »klassischen Physik« werfen. Sie erscheinen uns alle geläufig und selbstverständlich, erweisen sich jedoch im Lichte der Relativitätstheorie als falsch.

Relativität beinhaltet zunächst einmal nichts weiter als die Frage, wie die Gesetze der Physik verschiedenen Beobachtern erscheinen, die sich *relativ* zueinander bewegen. Wir wissen heute, daß in gleichförmig bewegten Systemen alle Vorgänge unverändert ablaufen. Ein Stein wird stets senkrecht fallen, egal, ob wir unbewegt an einer Bahnschranke stehen oder uns im vorbeibrausenden Zug mit 200 Stundenkilometern relativ zu ihr bewegen.

Dieses Relativitätsprinzip formulierte erstmals Galileo Galilei. In seinem 1632 gedruckten Werk ›Dialog über die beiden hauptsächlichen zwei Weltsysteme‹ erklärt Salviati, alias Galilei, seinem Freund Sagredo: »Schließt Euch in Gesellschaft eines Freundes in einen möglichst großen Raum unter Deck eines großen Schiffes ein ... Hängt oben einen kleinen Eimer auf, welcher tropfenweise Wasser in ein enghalsiges Gefäß träufeln läßt ... Nun laßt das Schiff mit jeder beliebigen Geschwindigkeit sich bewegen: Ihr werdet – wenn nur die Bewegung gleichförmig ist und nicht hier- und dorthin schwankend – ... nicht die geringste Veränderung eintreten sehen ... Die Tropfen werden wie zuvor in das untere Gefäß fallen, kein einziger wird nach dem Hinterteile zu fallen, obgleich das Schiff, während der Tropfen in der Luft ist, viele Spannen zurücklegt.« Seine Folgerung: »Aus keiner [Erscheinung] werdet Ihr entnehmen können, ob das Schiff fährt oder stille steht.«

Galilei verfolgte damals mit seiner Argumentation das Ziel, eines der wichtigsten Argumente zu entkräften, das viele Gelehrte gegen das heliozentrische Weltbild anführten. Diese hatten es nämlich stets als grotesk empfunden, daß die Erde mit atemberaubender Geschwindigkeit um die Sonne rasen sollte, wie es Nikolaus Kopernikus behauptet hatte. Wie, so fragten die Kritiker, könne diese Geschwindigkeit von uns unbemerkt bleiben? Müßten wir nicht in einem beständigen Sturm leben? Nein, sagte Galilei, denn auch diese enorme Geschwindigkeit ist gleichförmig und deshalb von uns nicht wahrnehmbar.

Heute ist uns das Relativitätsprinzip vertraut, auch wenn wir es uns fast nie klarmachen. Jeder hat wohl schon einmal folgende Situation erlebt: Man sitzt in einem Zug, der im Bahnhof hält. Auf dem Nachbargleis steht ebenfalls ein Zug. Plötzlich, so meinen wir, fahren wir langsam los, denn die anderen Wagons bewegen sich aus unserem Blickfeld hinaus. Schließlich sind sie gänzlich verschwunden, doch zu unserem Erstaunen haben nicht wir den Bahnhof verlassen, sondern der Zug gegenüber. Im Nachbarzug aber hatten einige Reisende vielleicht genau das Gegenteilige empfunden und gemeint, sie selbst würden stehenbleiben und wir uns bewegen. Dieses Phänomen läßt sich nur dann beobachten, wenn die Beschleunigung des Zuges zu gering ist, um von uns wahrgenommen zu werden, das heißt, wenn sich der Zug mit nahezu konstanter Geschwindigkeit bewegt.

Geschwindigkeiten sind demnach zwar relativ, dennoch lassen sie sich eindeutig messen, sofern man einen Bezugspunkt angibt. Beispiel Autobahn: Nehmen wir an, in der einen Fahrtrichtung fahren zwei LKWs während eines Überholvorgangs mit jeweils 90 Stundenkilometern nebeneinander. Auf der Gegenspur kommt ihnen ein PKW mit 150 Stundenkilometern entgegen. Die beiden LKW-Fahrer bewegen sich nun relativ zueinander gar nicht, haben also die Relativgeschwindigkeit 0 Stundenkilometer, während von ihnen aus gesehen, der PKW mit 240 Stundenkilometer auf sie zurast. Alle Bezugssysteme, sowohl das der Autos als auch jenes im Radarwagen, sind aus physikalischer Sicht gleichberechtigt. Begibt man sich von einem System in das andere, so müssen die Geschwindigkeiten addiert oder subtrahiert werden. In der Physik nennt man das eine Galilei-Transformation.

Dieses unmittelbar einleuchtende Gesetz übernahm etwa ein halbes Jahrhundert später der britische Physiker Isaac Newton. In seinem fundamentalen Werk ›Principia Mathematica‹ formulierte er die Gesetze der Mechanik in einer exakten mathematischen Sprache. Hierin haben die Grundgleichungen eine Form, die beim Übergang von einem gleichförmig bewegten System in ein anderes unverändert bleiben. Dies gilt überall im Universum.

Newton übernahm noch eine weitere wesentliche Erkenntnis von Galilei: den Trägheitssatz. Er besagte, daß jeder Körper im Zustand der Ruhe oder der gleichförmigen, geradlinigen Bewegung bleibt, solange keine äußeren Kräfte auf ihn einwirken. Ein gutes Beispiel hierfür sind heute interplanetare Raumsonden. Ein Raketentriebwerk beschleunigt sie so lange, bis sie schnell genug sind, um das Schwerefeld der Erde zu verlassen. Dann wird das Triebwerk abgeschaltet, und die Sonde fliegt näherungsweise auf einer geraden Bahn weiter, sieht man einmal von den Schwerkrafteinflüssen der anderen Himmelskörper ab.

Newton mußte sich aber die Frage stellen: Wie kann ich überhaupt feststellen, ob eine Bahn geradlinig verläuft oder nicht? Im All gibt es keine festen Markierungen, die man als Bezugspunkte nutzen könnte, keine natürlichen Geraden. Newton sah damals keinen anderen Ausweg, als einen absoluten Raum zu definieren. Er schrieb: »Der absolute Raum bleibt vermöge seiner Natur und ohne Beziehung auf einen äußeren Gegenstand stets gleich und unbeweglich.« Damit hatte er eine Art imaginäres Koordinatenkreuz geschaffen, anhand dessen sich absolute Ruhe und absolute Bewegung festmachen ließen. Ja, er definierte sogar den Nullpunkt. Er nahm an, daß das Universum ein ruhendes Zentrum besitzt, und dieses identifizierte er als den Schwerpunkt des Sonnensystems, der etwas außerhalb des Sonnenzentrums liegt.

Um entscheiden zu können, ob eine geradlinige Bewegung auch mit konstanter Geschwindigkeit erfolgt, bedurfte es noch eines Zeitmaßes, denn Geschwindigkeit ist definiert als zurückgelegte Entfernung pro Zeitintervall. Hierzu legte Newton fest: » Die absolute, wahre und mathematische Zeit verfließt an sich und vermöge ihrer Natur gleichförmig und ohne Beziehung auf irgendeinen äußeren Gegenstand.« Diese Festlegung ist deshalb so wichtig, weil die Zeitmessung bei der Definition nahezu aller physikalischen Größen der klassischen Physik, wie Geschwindigkeit, Beschleunigung, Kraft, Impuls oder Energie, eine entscheidende Rolle spielt.

Der Raum bildete somit eine Art starren Rahmen, in dem sich ein unveränderlicher Maßstab festlegen läßt. Die Zeit fließt gleichförmig wie ein Fluß, auf dem alle Körper mit gleicher Geschwindigkeit forttreiben. Das Konzept des absoluten Raumes und der absoluten Zeit wurde damals durchaus nicht von allen Kollegen akzeptiert. Newtons Physik vermochte jedoch die mechanischen Vorgänge, sowohl auf der Erde als auch im Sonnensystem, so gut zu beschreiben, daß niemand an ihr rührte.

Mitte des 19. Jahrhunderts begann indes eine schleichende Entwicklung, die schließlich zum Sturz der Newtonschen Mechanik führte. Zahlreiche Forscher hatten sich bis dahin zunehmend mit Phänomenen der Elektrizität und des Magnetismus befaßt. Hierbei war zum einen klargeworden, daß elektrische und magnetische Felder dieselbe Ursache haben: elektrisch geladene Teilchen oder Körper. Befindet man sich relativ zu einer elektrisch geladenen Kugel in Ruhe, so registriert man nur ein elektrisches Feld. Bewegt man sich relativ zu ihr, so ist plötzlich ein zusätzliches Magnetfeld vorhanden. Es ist also lediglich eine Frage des Bezugssystems, ob das Magnetfeld existiert oder nicht.

Dem schottischen Physiker James Clerk Maxwell gelang es um 1860 schließlich, sämtliche bis dahin bekannte elektromagnetische Phänomene in einer geschlossenen mathematischen Theorie zu vereinigen. In seinem 1864 erschienen Werk ›A Dynamical Theory of the Electromagnetic Field‹ erklärte er, daß beispielsweise eine bewegte elektrische Ladung elektromagnetische Wellen abstrahlt. Hierbei handelt es sich um ein Feld, das periodisch zwischen einem elektrischen und einem magnetischen Feld oszilliert und sich dabei kugelschalenförmig ausbreitet. Maxwells Gleichungen ergaben darüber hinaus, daß diese Wellen sich mit einer Geschwindigkeit ausbreiten, die der damals bereits recht genau bekannten Lichtgeschwindigkeit entsprach. Maxwell schloß daraus, daß auch Licht eine elektromagnetische Welle ist. Im Jahre 1887 gelang dem deutschen Physiker Heinrich Hertz erstmals eine glänzende experimentelle Bestätigung der Maxwellschen Idee. Er erzeugte mit einem elektrischen Schwingkreis elektromagnetische Wellen, die sich mit Lichtgeschwindigkeit ausbreiteten und auch alle anderen von Maxwell vorhergesagten Eigenschaften besaßen. Es waren Radiowellen, die ebenso elektromagnetische Wellen sind wie Licht, lediglich eine größere Wellenlänge besitzen. Damit hatten die Wissenschaftler zu Ende des 19. Jahrhunderts eine umfassende Naturbeschreibung erarbeitet: Newtons Theorie erklärte alle mechanischen Abläufe, Maxwells Theorie die elektrischen und magnetischen Vorgänge. Daneben gab es eine befriedigende Theorie für die Wärmelehre. Viele Physiker meinten, das Gebäude der theoretischen Physik sei soweit errichtet und der Rest bestünde in Detailarbeit. Bei genauem Hinsehen zeigten sich jedoch im Fundament hier und da schon ein paar Risse.

Erstens mußten die Physiker die Existenz einer Substanz annehmen, in der sich die elektromagnetischen Wellen ausbreiten konnten. Ähnlich wie sich Wellen in Luft oder Wasser fortbewegen, sollte der Äther das Medium der Licht- und Radiowellen sein. Berühmt wurde das Zitat von Heinrich Hertz: »Nehmt aus der Welt den lichttragenden Äther, und die elektrischen und magnetischen Kräfte können nicht mehr den Raum überschreiten.« Dieser ominöse Stoff ließ sich jedoch in keinem Experiment nachweisen. Außerdem mußten ihm die Physiker aufgrund verschiedener Versuche teilweise sich widersprechende Eigenschaften zuschreiben,

Zweitens widersprach die Maxwellsche Theorie dem Galileisch-Newtonschen Grundsatz, wonach alle mechanischen

Vorgänge gleich ablaufen, unabhängig davon, ob ein System ruht oder sich gleichförmig mit beliebiger Geschwindigkeit bewegt. Die Maxwellschen Gleichungen nahmen nämlich unterschiedliche Gestalt an, abhängig davon, ob man sie in einem ruhenden oder einem bewegten System betrachtete.

Genaugenommen galten die Maxwell-Gleichungen in ihrer ursprünglichen Form nur in Systemen, die bezüglich des Äthers ruhen. Damit waren diese Systeme vor allen anderen ausgezeichnet. Dies führte schließlich zu der Behauptung, der Äther wiederum ruhe in Newtons absolutem Raum: Äther und absoluter Raum waren praktisch identisch. Einsteins späterer Kommentar: »Eine solche Asymmetrie des theoretischen Gebäudes, dem keine Asymmetrie des Systems der Erfahrungen entspricht, ist für den Theoretiker unerträglich.«

Noch unerträglicher machte die Situation ein Experiment, das der aus Polen stammende amerikanische Physiker Albert A. Michelson erstmals kurz vor der Jahrhundertwende ausführte. Michelson hatte ein Meßinstrument, ein sogenanntes Interferometer, entwickelt, mit dem er die Lichtgeschwindigkeit äußerst genau bestimmen konnte. Ziel seines Experiments war es, die Lichtgeschwindigkeit in verschiedenen Bewegungsrichtungen relativ zum lichttragenden Medium, dem Äther, zu messen. Sein Bezugssystem war das Laboratorium, das mit der Erde um die Sonne herumwirbelte und sich somit auch durch den Äther pflügte. Zwar war weder bekannt, mit welcher Geschwindigkeit noch in welcher Richtung sich die Erde relativ zum Äther bewegt. Auf jeden Fall aber mußten Richtung und Geschwindigkeit an verschiedenen Punkten der Erdbahn, beispielsweise bei Frühlings- und Sommeranfang, unterschiedlich sein.

Michelson führte seine Messung nun nicht an zwei Tagen im Jahr durch, sondern er spaltete einen Lichtstrahl in zwei auf, die sich anschließend senkrecht zueinander durch die Apparatur bewegten. Danach führte er sie wieder zusammen und maß im

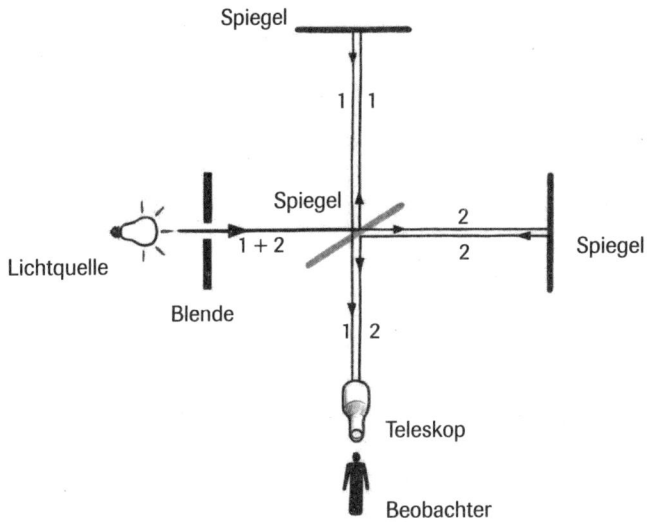

Relativität vor Einstein

Bei dem Versuch von Michelson und Morley wurde ein Lichtstrahl durch einen halbdurchlässigen Spiegel in zwei senkrecht zueinander verlaufende Teilstrahlen 1 und 2 aufgespalten. Da sich diese in unterschiedlichen Richtungen relativ zum Äther bewegen, hätte der Beobachter Laufzeitunterschiede messen müssen. Das war jedoch nicht der Fall. Einstein erklärte dies damit, daß die Lichtgeschwindigkeit in allen Bezugssystemen gleich groß ist.

gemeinsamen Zielpunkt die Differenz der Geschwindigkeiten beider Lichtstrahlen. Ein erster Versuch im Jahre 1881, den Michelson bei einem Studienaufenthalt in Potsdam durchführte, erbrachte keinerlei Unterschied der Lichtgeschwindigkeit auf den beiden Lichtwegen. Daraufhin verfeinerte er seine Apparatur und wiederholte das Experiment sechs Jahre später in den USA mit seinem Kollegen Edward W. Morley. Wieder war das Ergebnis negativ. Das Licht schien stets dieselbe Geschwindigkeit aufzuweisen, egal, wie man sich relativ zum

Äther, und damit auch zum Licht, bewegte. Zu diesen Unstimmigkeiten gesellten sich noch weitere experimentelle Ergebnisse, die mit der Newtonschen Physik nicht erklärbar waren. Es gab einige Physiker, die sich dieser Probleme bewußt waren und sie mit unkonventionellen Ideen zu lösen versuchten. Dabei kamen einige wenige von ihnen bereits sehr nahe an die spätere Spezielle Relativitätstheorie heran, insbesondere der Niederländer Hendrik Anton Lorentz, der Ire George Fitzgerald und der Franzose Henri Poincaré.

Sie meinten, das Michelson-Morley-Experiment damit erklären zu können, daß sich die Meßapparatur in Bewegungsrichtung verkürze. Dann nämlich würde ein Lichtstrahl auf dieser Strecke weniger Zeit benötigen als auf der senkrecht dazu verlaufenden Strecke. Lorentz konnte sogar eine Formel für den Schrumpfungsgrad angeben. Sie war so gewählt, daß die beiden senkrecht zueinander laufenden Lichtstrahlen ihren jeweiligen Weg in derselben Zeit zurücklegten und gemeinsam im Detektor ankommen. Demnach hätte man mit keinem Experiment jemals eine Relativbewegung des Lichts gegen den Äther messen können. Außerdem wäre es auch nicht möglich gewesen, die Verkürzung der Apparatur zu messen, da jeder angelegte Meßstab im selben Maße wie sie schrumpfen würde.

Lorentz' Theorie führte indes auf ein neues unbegreifliches Phänomen: Wie konnte es sein, daß zwei gleich schnelle Lichtstrahlen zwei unterschiedlich lange Wege in derselben Zeit zurücklegten? Lorentz war zu der Hypothese gezwungen, daß die beiden Strahlen tatsächlich verschiedene Zeitspannen benötigen. Je nach Bewegungsrichtung zum Äther ordnete er den Lichtstrahlen eine »lokale Zeit« zu.

Dieser Ansatz kam, wie wir im nächsten Kapitel sehen werden, der Speziellen Relativitätstheorie schon recht nahe. Ja, selbst Lorentz' Gleichungen sollten sich als richtig erweisen. Aber die Forscher blieben in der Vorstellung der Existenz des

Äthers und damit des aboluten Raumes verhaftet, und sie beschränkten sich bei ihren Lösungsansätzen ausschließlich auf die elektromagnetischen und optischen Vorgänge. Es war Albert Einstein, der aufbauend auf wenigen neuen Prinzipien ein gänzlich neues Konzept für Raum und Zeit und damit für die gesamte Physik entwarf und auf diese Weise nicht nur das Michelson-Morley-Experiment erklärte, sondern auch die Unverträglichkeit der Newtonschen und Maxwellschen Theorien auflöste.

Lorentz, bekannt für seine Fairneß im wissenschaftlichen Wettstreit, äußerte sich 1928 zu der Situation am Beginn des 20. Jahrhunderts so: »Daher führte ich das Konzept der lokalen Zeit ein, die für relativ zueinander bewegte Bezugssysteme verschieden ist. Ich dachte aber nie, daß sie etwas mit der wirklichen Zeit zu tun hat. Die wirkliche Zeit war für mich noch immer durch das Konzept einer absoluten Zeit gegeben, die unabhängig von jedem Koordinatensystem ist. Es gab für mich nur diese eine wahre Zeit. Ich betrachtete die Zeittransformation nur als heuristische Arbeitshypothese. So ist die Relativitätstheorie wirklich allein Einsteins Werk.«

Die Spezielle Relativitätstheorie

Zu Beginn des 20. Jahrhunderts mußte sich ein kritischer Physiker die Fragen stellen: Ist die Maxwellsche Theorie falsch, weil sie in einem relativ zum Äther ruhenden System andere Ergebnisse liefert als in einem gleichförmig bewegten? Oder ist vielleicht Galileis Geschwindigkeits-Additionstheorem und damit die Newtonsche Mechanik falsch? Oder müssen die Gesetze der Mechanik auf andere Weise von einem System ins andere übertragen werden als die der Elektrodynamik?

Albert Einstein spürte intuitiv, daß die Maxwellsche Theorie, von der er sich schon in seiner Studienzeit begeistern ließ, richtig sein müsse. In seiner Arbeit ›Zur Elektrodynamik bewegter Körper‹, die am 30. Juni 1905 bei der renommierten Fachzeitschrift ›Annalen der Physik‹ einging und in Band 17 erschien, räumte er mit den überkommenen Vorstellungen auf und begründete mit nur zwei einfach klingenden Prinzipien eine gänzlich neue Physik. (In vielen Bibliotheken mußte dieser Band später übrigens wegen Diebstahlgefahr verschlossen aufbewahrt werden.) Einsteins Prämissen lauteten:

1. Alle physikalischen Vorgänge, sowohl die mechanischen als auch die elektrodynamischen, bleiben in allen gleichförmig bewegten Systemen unverändert. Dies ist Einsteins »Prinzip der Relativität«.

2. Die Lichtgeschwindigkeit ist, unabhängig von der Relativbewegung zum Lichtstrahl, in allen Bezugssystemen gleich groß.

Sämtliche Probleme mit dem Äther löste Einstein, indem er die Existenz dieses fragwürdigen Substrats einfach bestritt: Es gibt keinen Äther.

Jeder Punkt für sich genommen erscheint auf den ersten Blick harmlos. Doch führt ihre konsequente Anwendung zum Sturz der Newtonschen Mechanik und zum Aufbau einer neuen Physik, deren Fundament Raum und Zeit bilden.

Gleichzeitig ist nicht gleichzeitig

Ohne Zweifel erwartet man in Einsteins Arbeit aus dem Jahre 1905, in der er die Spezielle Relativitätstheorie begründete, schwierige Überlegungen und Formeln. So wird es einen nicht wenig überraschen, gleich zu Beginn den folgenden, geradezu naiv anmutenden Gedanken zu lesen: »Wir haben zu berücksichtigen, daß alle unsere Urteile, in welchen die Zeit eine Rolle spielt, immer Urteile über *gleichzeitige Ereignisse* sind.

Wenn ich zum Beispiel sage: ›Jener Zug kommt hier um sieben Uhr an‹, so heißt dies etwa: ›Das Zeigen des kleinen Zeigers meiner Uhr auf sieben und das Ankommen des Zuges sind gleichzeitige Ereignisse.‹« So kompliziert kann es nur ein Physiker sehen, wird vielleicht der eine oder andere denken, doch steckt hinter diesem einfachen Beispiel ein tieferer Sinn. Einstein wollte den Leser nämlich auf den selbstverständlich erscheinenden Begriff der Gleichzeitigkeit aufmerksam machen. Wie entscheiden wir, ob zwei Ereignisse an verschiedenen Orten gleichzeitig stattfinden?

Nach Einsteins Überlegungen kann man nur dann eindeutig von der Gleichzeitigkeit zweier Ereignisse sprechen, wenn diese sich unmittelbar nebeneinander abspielen: Der Zug läuft ein, der Zeiger steht auf der Sieben. Wie aber läßt sich entscheiden, ob ein Ereignis beispielsweise auf dem Mond gleichzeitig mit einem anderen auf der Erde stattgefunden hat? Man kann diese Frage auch so formulieren: Wie kann ich entscheiden, ob eine Uhr auf dem Mond und eine andere auf der Erde gleichzeitig auf zwölf Uhr umgesprungen sind?

Nach der Newtonschen Auffassung der Zeit wäre diese Frage einfach zu beantworten. In seiner Physik gab es eine absolute Zeit. Man konnte sich also überall im Universum Uhren denken, die synchron liefen. Damit war eindeutig, wann zwei Ereignisse gleichzeitig sind oder welches Ereignis vor dem anderen stattgefunden hat. Eine solche universelle Synchronisierung wäre aber nur dann möglich, wenn es ein Zeitsignal gäbe, das sich ohne Verzögerung im gesamten Universum ausbreitet und jede Uhr gleichzeitig (im Newtonschen Sinne) erreicht. Das gibt es aber nicht. Wie Einstein herausfand, kann sich kein Signal schneller als das Licht fortpflanzen. Signale in Form von Licht oder allgemein elektromagnetischen Wellen bewegen sich lediglich mit der maximal möglichen Geschwindigkeit, die überdies in jedem Bezugssystem denselben Wert besitzt. Der Lichtgeschwindigkeit kommt somit in der Natur eine ganz besondere Rolle zu. Sie stellt etwas Absolutes dar. Es erscheint daher ganz natürlich, daß Einstein 300 000 Kilometer pro Sekunde schnelle Lichtsignale zur Uhrensynchronisation verwendete. Dann würden wir vielleicht sagen: Wenn meine Uhr auf zwölf Uhr umspringt und ich in dem Moment sehe, daß auch auf dem Mond die Uhr auf zwölf Uhr umspringt, sind beide Uhren gleichzeitig umgesprungen. So geht es jedoch auch nicht. Man stelle sich hierzu nur vor, daß sich ein Astronaut auf dem Weg zum Mond befände und unsere Uhren beobachtet. Nehmen wir an, er sieht in dem Moment die Uhr auf dem Mond auf zwölf umspringen, wenn er ebenso weit vom Mond entfernt ist wie wir und ihn gleichzeitig 100 000 Kilometer von der Erde trennen. Sieht er dann auch gleichzeitig unsere Uhr umspringen? Nein, denn das Licht der Monduhr benötigt eine Sekunde, um zur Erde und zu ihm zu gelangen. Erst dann springt unsere Uhr um. Doch das sieht der 100 000 Kilometer entfernte Astronaut wiederum erst eine drittel Sekunde später. Für den Astronauten scheint unsere Uhr demnach eine drittel Sekunde nach der Monduhr umgesprungen zu sein.

Das Beispiel verdeutlicht, daß wir bei der Uhrensynchronisation die Lichtlaufzeiten mit einberechnen müssen. Und so läßt sich Gleichzeitigkeit definieren: Zwei Ereignisse sind dann gleichzeitig, wenn von ihnen ausgesandte Lichtsignale gleichzeitig bei einem in der Mitte zwischen den Ereignissen befindlichen Beobachter eintreffen. Oder: Zwei Uhren lassen sich mit zwei Lichtsignalen synchronisieren, die man gleichzeitig von einem Punkt in der Mitte zwischen ihnen aussendet.

Dieses Verfahren funktioniert nun bei Uhren, die sich relativ zueinander in Ruhe befinden. Problematisch wird es aber bei zueinander bewegten Uhren. Einstein demonstrierte dies an einem Zugparadoxon.

Stellen Sie sich vor, Sie stehen in der Nähe eines Bahndammes, und ein Zug fährt vorbei. In dem Moment, in dem

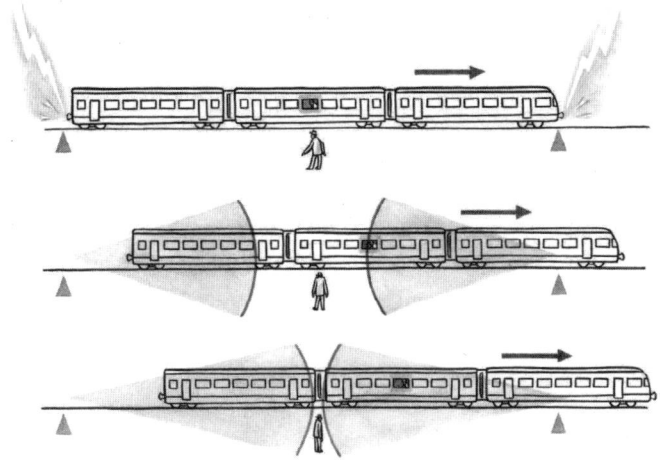

Einsteins Zugparadoxon zur Veranschaulichung der Relativität der Gleichzeitigkeit. In das vordere und hintere Ende eines fahrenden Zuges schlagen zwei Blitze ein. Das Licht der beiden Blitze breitet sich in alle Richtungen aus. Der sich in der Mitte des Zuges befindende Schaffner kommt zu dem Ergebnis, daß beide Einschläge nicht gleichzeitig stattgefunden haben. Seine Begründung: Das Licht hat in meinem Bezugssystem die bekannte Geschwindigkeit und bewegt sich in beide Richtungen gleich schnell. Zweitens erreicht mich der Lichtblitz vom vorderen Ende des Zuges zuerst, also muß er zuerst ausgelöst worden sein. Das heißt, der vordere Blitzschlag ging eher nieder als der hintere, die beiden Blitze haben demnach *nicht gleichzeitig* stattgefunden. Ein Beobachter dagegen, der neben den Gleisen in der Mitte zwischen den beiden Zugenden steht, kommt zu dem Ergebnis, daß die Einschläge *gleichzeitig* stattgefunden haben müssen, weil ihn die davon ausgelösten Lichtblitze zur gleichen Zeit erreichten.

Sie vom vorderen und hinteren Zugende gleich weit entfernt sind, schlägt dort jeweils ein Blitz ein. Sie sehen beide Blitze zur selben Zeit, das heißt, das Licht hat gleich lange Zeit bis zu Ihnen benötigt. Sie werden dann sagen: »Der Blitz hat gleichzeitig hinten und vorne eingeschlagen.« Genau in der Mitte des Zuges befinde sich der Schaffner, dem es irgendwie möglich ist, die Blitze zu sehen. Nun fährt der Schaffner mitsamt dem Zug nach vorne weiter. Er bewegt sich also dem Lichtstrahl jenes Blitzes entgegen, der in die Lokomotive eingeschlagen hat. Gleichzeitig entfernt er sich von dem hinteren Zugende, wo der andere Blitz niedergegangen ist. Das Licht des vorderen Blitzes wird den Schaffner daher eher erreichen als das vom Zugende, das heißt, er wird den vorderen Blitz eher sehen als den hinteren. Nun nehmen wir an, daß der Schaffner bestens mit dem Phänomen der Konstanz der Lichtgeschwindigkeit vertraut ist. Dann wird er argumentieren, er befände sich schließlich genau in der Mitte des Zuges und beide Lichtstrahlen hätten ihn mit derselben Geschwindigkeit erreicht. Daher dürfe er mit Fug und Recht behaupten, die Blitze hätten nicht gleichzeitig eingeschlagen, sondern nacheinander. Wer hat Recht, Sie oder der Schaffner?

Die Antwort lautet: beide. Es gibt keinen Grund, Ihren Standort demjenigen des Schaffners vorzuziehen. Sie beide befinden sich im physikalischen Sinne in einem Intertialsystem und sind somit völlig gleichberechtigt. Der Schaffner könnte sogar behaupten, er befände sich in Ruhe und Sie hätten sich relativ zu ihm bewegt. Die Relativitätstheorie macht in den beiden Standpunkten keinen Unterschied. Wer noch zu sehr an der Vorstellung einer »ruhenden« Erde und einem »bewegten« Zug hängt, kann das Paradoxon auch in den Weltraum verlegen, wo sich zwei Raumschiffe aneinander vorbeibewegen. Hier sieht man leichter ein, daß sich beide Astronauten auf den Standpunkt stellen können, sie seien in Ruhe und der jeweils andere bewege sich.

Man kann das obige Beispiel noch weiter treiben, indem man einen dritten Beobachter einführt, der beispielsweise auf einer parallel zur Bahn verlaufenden Straße dem Zug mit hoher Geschwindigkeit entgegenfährt. Sie sehen ihn in dem Moment in der Mitte des Zuges, wenn sie die beiden Blitze registrieren. Auch der Autofahrer befindet sich in einem Inertialsystem. Er wird feststellen, daß erst der letzte Wagen, auf den er zufährt, vom Blitz getroffen wurde und danach die Lokomotive. Auch der Autofahrer hat recht.

Diese Beispiele zeigen, daß nicht nur der Begriff der Gleichzeitigkeit relativ ist, sondern daß selbst die zeitliche Reihenfolge von Ereignissen vom Bewegungszustand desjenigen abhängen kann, der diese beobachtet. Im Alltagsleben bemerken wir von dieser Komplikation nichts, weil sie erst bei Geschwindigkeiten in der Nähe der Lichtgeschwindigkeit merklich wird. Dennoch stellt man sich vielleicht die Frage, ob unter bestimmten Bedingungen das Kausalitätsprinzip, nach dem stets die Ursache der Wirkung vorausgeht, verletzt sein kann. Wäre dies möglich, so ließe sich eine Zeitmaschine konstruieren.

Beispiel: Fußball. Der Torwart einer Mannschaft schlägt den Ball ab, sein Mittelfeldspieler nimmt ihn an, sieht, daß der gegnerische Torwart zu weit herausgelaufen ist und schießt den Ball von der Mittellinie in hohem Bogen in dessen Tor. Die Ursache war der Schuß, die Wirkung der Ball im Tor. Ist es nun theoretisch möglich, daß beispielsweise ein Außerirdischer in seiner fliegenden Untertasse so schnell über das Spielfeld hinwegfliegt, daß er Ursache und Wirkung in umgekehrter Reihenfolge sieht? Ist der Ball im Tor, bevor der Mittelfeldspieler geschossen hat? Nein, sagt Einstein, das ist nicht möglich.

Der Grund hierfür ist, daß sich jede nur denkbare Ursache mit maximal Lichtgeschwindigkeit ausbreiten und an einem anderen Ort wirken kann. Das gilt für Fußbälle ebenso wie für

Ufos. Um Ursache und Wirkung vertauscht sehen zu können, müßte sich der Beobachter mit Überlichtgeschwindigkeit bewegen, was nach Einstein nicht möglich ist. Deutlich wird bei diesen Gedankenexperimenten aber doch, daß die Begriffe Vergangenheit, Gegenwart und Zukunft an Klarheit verlieren, je länger man über sie nachdenkt. Eine wesentliche Folgerung der Speziellen Relativitätstheorie besteht darin, daß man Zeit und Raum nicht mehr länger als absolute und unabhängig voneinander existierende Größen verstehen darf. Wie wir weiter sehen werden, verfügt jedes Bezugssystem über seine eigene Zeit und auch seinen eigenen Längenmaßstab. Aus diesem Grunde analysiert man in der Relativitätstheorie Vorgänge im allgemeinen in einem Raum-Zeit-Diagramm. Sie ermöglichen eine wesentlich schärfere Definition der Begriffe Zukunft und Vergangenheit.

Weltlinien im Lichtkegel

»Am 29. Mai 1953 um 11.30 Uhr erreichten Sir Edmund Hillary und sein Scherpa Tenzing Norgay als erste Menschen den Gipfel des 8848 Meter hohen Mount Everest.« Nehmen wir einmal an, wir möchten dieses historische Ereignis in ein Raum-Zeit-Diagramm eintragen. Hierfür müßten wir vier Größen gegeneinander auftragen: Längen- und Breitengrad (die zwei Flächendimensionen), Höhe des Gipfels (dritte Raumdimension) und die Zeit (vierte Dimension). Auf einem Blatt Papier lassen sich diese vier Dimensionen nicht zeichnen, so daß wir uns zunächst einmal auf eine Raumdimension und die Zeit beschränken. So könnten wir beispielsweise darstellen, in welcher Zeit die beiden Bergsteiger an Höhe gewannen.

Betrachten wir der Einfachheit halber einen 100-Meter-Lauf. Wir können in diesem Fall das zweidimensionale Koordinatensystem so ausrichten, daß der räumliche Nullpunkt

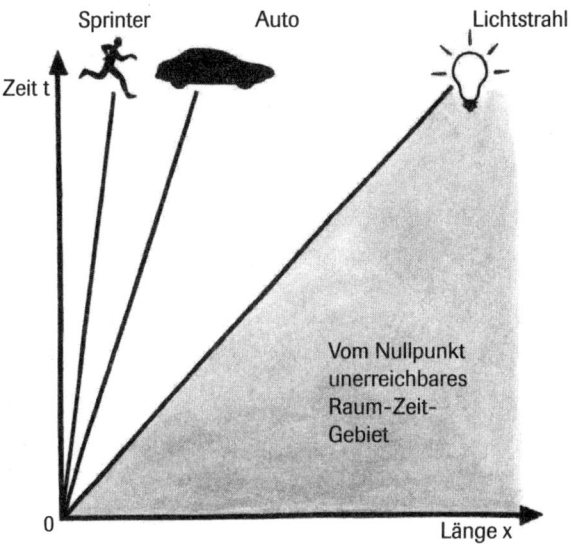

Weltlinien im Raum-Zeit-Diagramm sind je nach Geschwindigkeit des Körpers unterschiedlich stark geneigt. Die Weltlinie des Lichts grenzt unerreichbare Gebiete von erreichbaren ab.

$(x = 0)$ im Startblock liegt und der zeitliche Nullpunkt $(t = 0)$ mit dem Startschuß zusammenfällt. Nehmen wir vereinfachend an, der Sprinter würde mit konstanter Geschwindigkeit laufen. Dann ergäbe seine Bewegung in diesem Diagramm eine Gerade. Je schneller der Läufer ist, desto flacher wird die Gerade. Die Gerade mit der geringst möglichen Neigung hätte aber ein Lichtstrahl, der mit dem Startschuß vom Startblock abgeschickt wird, da sich kein Körper und kein Signal schneller als mit Lichtgeschwindigkeit bewegen kann.

Wir dehnen nun unsere Betrachtung auf eine Fläche, also auf zwei Raumdimensionen, aus. Eine vom Startblock in alle Richtungen sich ausbreitende Lichtwelle hätte in den drei

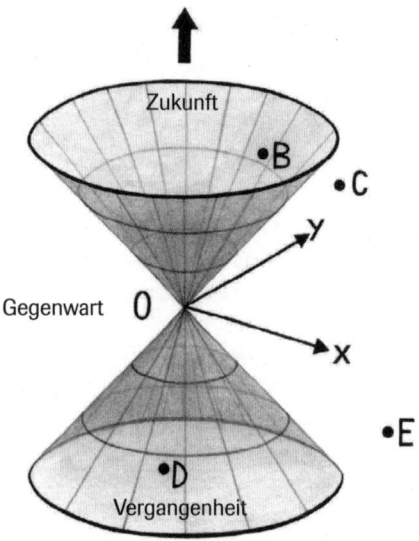

Die Lichtkegel definieren im Raum-Zeit-Diagramm Zukunft, Gegenwart und Vergangenheit.

Raumdimensionen die Form einer expandierenden Kugel-schale. Projiziert auf zwei Raumdimensionen entspräche dies einem Kreis mit ständig wachsendem Radius, und in unserem Raum-Zeit-Diagramm ergäbe sich ein Kegel. Da er sich mit fortschreitender Zeit ausdehnt, wird er Zukunfts-Lichtkegel genannt. Jede Bewegungslinie innerhalb dieses Diagramms heißt Weltlinie.

Diese Darstellung des Raum-Zeit-Kontinuums hat eine ganz zentrale Bedeutung. Sie kennzeichnet eindeutig Vergan-genheit, Gegenwart und Zukunft und legt Ursache-Wirkung-Paare fest. Das Ereignis im Nullpunkt (0) kann prinzipiell je-des Ereignis beeinflussen, das sich innerhalb des Lichtkegels befindet (zum Beispiel B). Das heißt, erst ereignet sich 0 und dann B. Für diese Fälle gibt es kein Bezugssystem, von dem aus gesehen die Reihenfolge sich umkehrt. Dies entspricht dem Beispiel des Fußballtorschusses. Das Ereignis in 0 kann jedoch grundsätzlich kein Ereignis außerhalb des Lichtkegels (etwa Punkt C) beeinflussen, da sich nichts schneller als Licht bewegen kann. Für 0 und C lassen sich aber immer verschiedene Bezugssysteme finden, in denen 0 und C gleichzeitig stattfinden oder ihre Reihenfolge vertauscht ist – siehe Einsteins Gedankenexperiment der einschlagenden Blitze.

Man kann den Zukunfts-Lichtkegel auch in die Vergangenheit spiegeln. Das entspräche dann dem Fall, daß sich eine Lichtwelle in dem Punkt 0 zusammenzieht. Dieser Vorgang wird sich in der Realität nicht ereignen, da wir aber hier die Lichtgeschwindigkeit als maximale Ausbreitung einer Wirkung betrachten, bekommt dieser Kegel die Bedeutung eines Vergangenheits-Lichtkegels. Jedes Ereignis innerhalb des Kegels (D) kann prinzipiell das Ereignis 0 beeinflußt haben. Jedes Ereignis außerhalb davon (etwa E) ist kausal unabhängig von 0. Auch hier lassen sich verschiedene Bezugssysteme finden, in denen E und 0 gleichzeitig stattfinden oder nacheinander in unterschiedlicher Reihenfolge.

In diesem Diagramm bezeichnet man nun alle Ereignisse innerhalb des oberen Lichtkegels als Zukunft des Ereignisses 0 und alle innerhalb des unteren Lichtkegels als Vergangenheit des Ereignisses 0. Und wo ist die Gegenwart, das Jetzt, werden Sie vielleicht fragen. Tatsächlich lassen sich sämtliche Ereignisse außerhalb der beiden Lichtkegel zur Gegenwart des Ereignisses von 0 zählen, da man stets ein Bezugssystem wählen kann, in dem die beiden Ereignisse gleichzeitig stattfinden.

Das Lichtkegeldiagramm basiert auf der Endlichkeit und der Konstanz der Lichtgeschwindigkeit. In der Newtonschen Physik hätte eine solche Darstellung gar keine Berechtigung, weil in ihr die Lichtgeschwindigkeit keine herausragende Bedeutung besitzt und nicht absolut ist. In der Relativitätstheorie ist sie hingegen fundamental, viele Phänomene lassen sich erst klar verstehen, wenn man sie in diesen Kontext stellt.

Die Zeit beginnt zu kriechen

Wie gerade gesehen, führt die Grundannahme einer in allen Systemen konstanten Lichtgeschwindigkeit zur Relativität der Gleichzeitigkeit. Jetzt werden wir lernen, daß sie unweigerlich zu der unserer Intuition völlig zuwiderlaufenden Behauptung führt, daß in einem bewegten System die Zeit langsamer vergeht als in einem relativ dazu ruhenden. Warum dies so sein muß, zeigt ein einfaches Gedankenexperiment.

Hierzu denken wir uns zwei Raumschiffe im Weltraum. In einem sitzen wir, in dem anderen ein Freund. In den beiden Raumschiffen befinden sich zwei Uhren, wobei die unseres Freundes besonders konstruiert ist. Sie besteht aus zwei parallel zueinander ausgerichteten Spiegeln, zwischen denen ein Lichtblitz wie ein Ping-Pong-Ball hin und her reflektiert wird. Der Lichtstrahl soll sich dabei senkrecht zur Bewegungsrichtung des Raumschiffes ausbreiten. Dieses Lichtsignal könnte nun als gleichmäßiger Taktgeber für eine Uhrenanzeige fungieren. Allerdings geht es uns in diesem Beispiel nicht um die Realisierung einer solchen Uhr, sondern um eine grundsätzliche Eigenart der Zeit.

Nehmen wir an, die Uhr sei so konstruiert, daß die beiden Spiegel einen Meter voneinander entfernt angebracht sind. Dann stellt unser Freund fest, daß der etwa 300 000 Kilometer pro Sekunde schnelle Lichtblitz jeweils 300 Millionen Mal an den Spiegeln reflektiert wird, bis der Uhrenzeiger um je eine Sekunde weiterspringt. Oder anders gesagt, zwischen zwei Reflexionen vergeht eine 300millionstel Sekunde. Wir sehen diesen Vorgang von unserem Raumschiff aus anders. Da sich unser Freund mitsamt seiner Uhr relativ zu uns bewegt, verläuft der Lichtstrahl von uns aus gesehen nicht senkrecht zur Bewegungsrichtung, sondern schräg. Der Laufweg ist demnach aus unserer Sicht länger als aus der Sicht unseres Freundes. Da aber die Lichtgeschwindigkeit stets 300 000 Kilometer pro Sekunde beträgt, unabhängig davon, ob wir relativ zur Lichtquelle in Ruhe sind (wie unser Freund) oder uns ihr gegenüber bewegen (wie wir), müssen wir aus diesem Gedankenexperiment folgern, daß die Uhr unseres Freundes langsamer geht als unsere. Denn von uns aus gesehen muß der Lichtstrahl bei derselben Geschwindigkeit eine längere Strecke zwischen den beiden Spiegeln zurücklegen.

An diesem Beispiel wird nun Einsteins zweite Prämisse deutlich. Es war nämlich völlig willkürlich, daß wir unser Raumschiff als ruhend und das unseres Freundes als bewegt angenommen haben. Genausogut kann unser Freund behaupten, er sei in Ruhe, und wir würden uns bewegen. Er würde dann feststellen, daß unsere Uhr langsamer geht als seine.

Auf den ersten Blick mag es erscheinen, als hätten wir eine spezielle Art von Uhr konstruiert, bei der dieser kuriose Effekt auftritt. Tatsächlich handelt es sich aber um ein reines Zeitphänomen: In schnell bewegten Systemen vergeht die Zeit langsamer als in ruhenden.

Dieses kuriose Resultat hatte sich in der Arbeit von 1905 nach einer etwas trockenen, theoretischen Herleitung ergeben. Um ihm etwas mehr Anschaulichkeit zu verleihen, schloß Einstein das Kapitel mit dem Beispiel ab: »Man schließt daraus, daß eine am Erdäquator befindliche Uhr um einen sehr kleinen Betrag langsamer laufen muß als eine genau gleich beschaffene, sonst gleichen Bedingungen unterworfene, an einem Erdpole befindliche Uhr.«

Dieses unserem Zeitempfinden intuitiv widersprechende Ergebnis ist eine Folge der Konstanz der Lichtgeschwindigkeit. Würden sich nach Galileischer Weise die Geschwindig-

Die Zeitdilatation mathematisch

Das Gedankenexperiment mit der Lichtuhr ermöglicht es, die Zeitdilatation sehr einfach zu berechnen. Wir ersetzen hierfür das Raumschiff unseres Freundes durch ein abstraktes Koordinatensystem, das wir als bewegt einstufen. Unser Freund hingegen betrachtet sich als ruhend. Bei der folgenden Untersuchung müssen wir unterscheiden, ob wir von unserem System ausgehen oder von demjenigen unseres Freundes. Hierfür versehen wir die von ihm gemessenen physikalischen Größen mit einem Häkchen.

Unser Freund stellt nun fest, daß der Lichtstrahl der Uhr zwischen den Spiegeln in der Zeit t' die Strecke y' = c'·t' überbrückt (Abbildung a). Von uns aus gesehen (Abbildung b) bewegt sich das System des Freundes in x-Richtung mit der Geschwindigkeit v = x/t, das heißt, ein Punkt auf der x-Achse schreitet mit x = v·t fort. Der schräg verlaufende Licht-

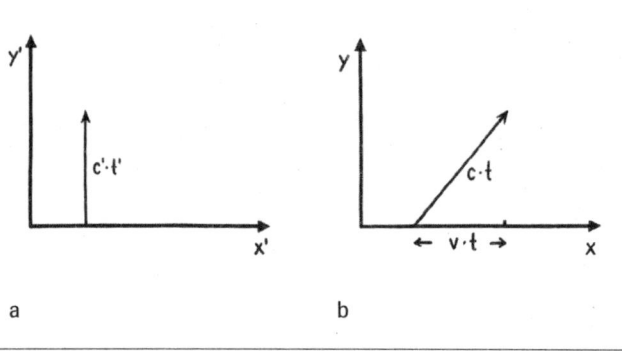

a   b

strahl überbrückt von uns aus gesehen die Strecke c·t. Nun vergleichen wir die beiden Ergebnisse (Abbildung c) und stellen fest, daß die Bewegungen der beiden Systeme und des Lichtstrahls ein Dreieck bilden, in dem sich der Satz des Pythagoras anwenden läßt:

$$(c·t)^2 = (c'·t')^2 + (v·t)^2$$

Entscheidend ist jetzt, daß die Lichtgeschwindigkeit bezüglich aller Systeme konstant ist, also c' = c. Setzt man dies in die Gleichung ein und formt sie etwas um, erhält man das Ergebnis:

$$t \sqrt{1 - (v/c)^2} = t'.$$

Von uns aus gesehen verlangsamt sich also der Zeitablauf im System unseres Freundes um den Faktor $\sqrt{1 - (v/c)^2}$.

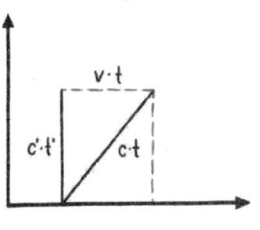

c

Im Bezugssystem K' bewegt sich ein Lichtstrahl senkrecht nach oben. Von einem dazu mit Geschwindigkeit v bewegten System K aus gesehen verläuft derselbe Lichtstrahl schräg. Entscheidend für die Herleitung des Gesetzes der Zeitdilatation ist die Tatsache, daß die Lichtgeschwindigkeit in beiden Systemen gleich groß ist, also c' = c.

keiten des Raumschiffes und des Lichtstrahls einfach addieren, würde in beiden Raumschiffen eine Sekunde genau gleich lange dauern.

Wie groß ist dieser Effekt der Zeitdilatation? Eine einfache Rechnung, bei der man nicht mehr benötigt als den Satz des Pythagoras, führt schnell zum Ziel (siehe Exkurs »Die Zeitdilatation mathematisch«). Wenn sich zwei Systeme mit der Relativgeschwindigkeit v zueinander bewegen, geht die Uhr im schnelleren System um den Faktor $\sqrt{1 - (v/c)^2}$ langsamer, wobei c die Lichtgeschwindigkeit symbolisiert.

Dieser Umrechnungsfaktor zeigt deutlich, warum im Alltag alle Uhren ununterscheidbar gleich schnell gehen. Die Geschwindigkeiten sind im Vergleich zur Lichtgeschwindigkeit verschwindend klein, und damit ist der Bruch $(v/c)^2$ fast genau null. Erst im Bereich der Lichtgeschwindigkeit tritt ein merklicher Effekt auf. Die Tabelle gibt einige Beispiele.

Gleichzeitig beinhaltet die Formel eine entscheidende Erkenntnis: Wenn sich ein Körper mit Lichtgeschwindigkeit bewegt, wird der Zeitdehnungsfaktor unendlich groß: Die Zeit bleibt stehen. Dies mag nicht unmöglich erscheinen. Wir werden jedoch später sehen, daß die Lichtgeschwindigkeit eine natürliche Grenze bildet, die von keinem Körper erreicht werden kann. »Für Überlichtgeschwindigkeiten werden unsere Überlegungen sinnlos«, schloß Einstein 1905 in seiner epochemachenden Arbeit, denn für diese Fälle wird die Zahl unter der Wurzel negativ, für die es im Bereich der reellen Zahlen keine Lösung gibt.

Die Verlangsamung der Zeit in einem bewegten System ist wohl die aufregendste Folgerung aus der Speziellen Relativitätstheorie. Jahrhundertelang erschien es selbstverständlich, daß die Zeit überall und unter allen Umständen mit derselben »Geschwindigkeit« vergeht. Nun besaß auf einmal jedes System seine eigene Zeit, die um so langsamer vergeht, je schneller es sich bewegt. Es dauerte jedoch über sechzig Jah-

Umrechnungsfaktor für die Zeitdilatation bei verschiedenen Relativgeschwindigkeiten

Objekt	v (km/s)	$\sqrt{1-(v/c)^2}$	Zeitdehnungs-faktor
Auto	0,03	1	1
Flugzeug	0,5	0,999 999 999 998 6	1,000 000 000 001
Raumsonde	40	0,999 999 991	1,000000 01
10 % von c	30000	0,995	1,005
50 % von c	150000	0,866	1,155
90 % von c	270000	0,436	2,294
95 % von c	285000	0,312	3,205
99 % von c	297000	0,141	7,092
99,9 % von c	299700	0,045	22,222

re, bis Physiker in der Lage waren, Einsteins Vorhersage mit richtigen Uhren zu testen.

Im Jahre 1971 waren die damaligen Atomuhren genau genug, um die Zeitdilatation zu messen, die bei einem ganz gewöhnlichen Transatlantikflug auftritt. Richard Keating vom US Naval Observatory und Joseph C. Hafele von der Washington University in St. Louis hatten in zwei Reise-Jets jeweils vier Sitze reserviert: Zwei für sich und zwei weitere für vier Atomuhren. Zunächst flogen sie mit ihrer Ausrüstung in östlicher Richtung und eine Woche später in westlicher. Die Flugzeiten betrugen jeweils über vierzig Stunden. Vor Antritt ihres Fluges hatten sie ihre Atomuhren mit einer in ihrem Institut verbliebenen Uhr genau synchronisiert. Hafele und Keating wollten bestätigen, daß die Uhren in den Flugzeugen langsamer oder schneller laufen als diejenigen auf der Erde. Langsamer oder schneller deswegen, weil man bei diesem Experiment wieder genau auf das Bezugssystem achten muß, von dem aus das Experiment betrachtet wird.

Laut Spezieller Relativitätstheorie unterliegt auch die Atomuhr im Institut wegen der Bewegung der Erde im Raum und der Rotation unseres Planeten um die eigene Achse der Zeitdilatation. Man stelle sich vor, man würde aus dem Weltraum auf den Nordpol blicken, dann ergeben sich für die Uhren relativ zum Labor auf der Erde folgende Relativbewegungen: Bei dem Flug in westlicher Richtung fliegt das Flugzeug entgegen der Erdrotation und bleibt hinter ihr zurück. Daher bewegt sich von diesem Bezugssystem aus betrachtet die Uhr im Flugzeug langsamer als die am Boden, und erstere sollte daher schneller laufen. Bei dem Flug in östlicher Richtung bewegt sich die Uhr im Flugzeug schneller als die im Institut, das heißt, die Zeit im Flugzeug müßte langsamer vergehen als am Boden. Tatsächlich stellten die beiden Physiker nach den Flügen fest, daß die Uhr beim Ostflug gegenüber der Laboruhr um 59 milliardstel Sekunden nach- und beim Westflug um 273 milliardstel Sekunden vorging. Damit hatten sie die Vorhersage der Speziellen Relativitätstheorie bis auf acht Prozent bestätigt.

Im nächsten Kapitel werden wir sehen, daß die Zeit nicht nur in schnell bewegten Systemen langsamer vergeht, sondern auch in Gravitationsfeldern. Das heißt, in Flugzeugen vergeht die Zeit aufgrund der geringeren Schwerkraft schneller als am Erdboden. Diesen Effekt der Allgemeinen Relativitätstheorie, der im Bereich von 200 milliardstel Sekunden liegt, hatten Hafele und Keating selbstverständlich berücksichtigt.

Im Zusammenhang mit diesem Experiment müssen wir auf ein weiteres Detail hinweisen. Wie anfänglich gesagt, bezieht sich die Spezielle Relativitätstheorie ausschließlich auf gleichförmige, also nicht beschleunigte Systeme. Genaugenommen fliegt der Jet auf einem Kreisbogen um die Erde und nicht auf einer geraden Strecke. Um dennoch die Formeln der Speziellen Relativitätstheorie anwenden zu können, unterteilten Hafele und Keating bei ihrer Auswertung die Flugbahn in über hundert gerade Strecken, sogenannte Polygonzüge. Dann galt die Spezielle Relativitätstheorie auf jedem Einzelstück. An einem geschlossenen Kreis erkennt man leicht, daß dieses Näherungsverfahren um so genauer wird, je mehr Polygonzüge man verwendet: Ein Quadrat beschreibt den Kreis noch sehr schlecht, ein Zwölfeck fügt sich der Rundung bereits wesentlich besser an.

Die Relativitätstheorie besagt eindeutig, daß die Zeitdilatation ein Phänomen der Zeit an sich ist und nichts mit mechanischen Einflüssen auf Uhren zu tun hat. Das heißt, in einem schnellen Raumschiff laufen alle Vorgänge langsamer ab, auch biologische. Bei Astronauten ließ sich dieser Effekt bislang aufgrund der geringen Geschwindigkeiten der Raumfahrzeuge nicht nachweisen. Die Apollo-Astronauten beispielsweise waren nach einem insgesamt acht Tage dauernden Mondflug lediglich etwa zehn millionstel Sekunden weniger gealtert als ihre Kollegen auf der Erde.

Es gibt aber Experimente, die eine Verlangsamung des »Alterungsprozesses« bei Teilchen deutlich aufzeigen. Als Testteilchen dienen sogenannte Myonen. Sie entstehen beispielsweise, wenn schnelle Partikel, vorwiegend Protonen, aus dem Universum mit nahezu Lichtgeschwindigkeit in die Erdatmosphäre eindringen und dort mit Atomkernen zusammenstoßen. Die getroffenen Kerne explodieren dabei geradezu, und wie bei einem Feuerwerk entsteht ein Schwarm neuer Teilchen, der in Richtung Erdboden weiterrast. Solche Schauer lassen sich mit speziellen Detektoren nachweisen.

In diesem Teilchenregen befinden sich auch einige Myonen, diese sind allerdings instabil und zerfallen mit einer Halbwertszeit von nur 1,5 millionstel Sekunden. Halbwertszeit bedeutet, daß aus einem Ensemble von sagen wir tausend Teilchen nach einer Halbwertszeit die Hälfte zerfallen ist. Nach einer weiteren Halbwertszeit sind von den verbliebenen 500 Teilchen nur noch 250 vorhanden und so weiter.

Die Myonen entstehen, wie die Physiker wissen, in einer Höhe von etwa dreißig Kilometern und fliegen nahezu mit Lichtgeschwindigkeit in Richtung Erdboden weiter. Nach einer Halbwertszeit, also 1,5 millionstel Sekunden, sind sie aber erst 450 Meter weit gekommen, das heißt nach dreißig Kilometern müßten so gut wie alle Myonen zerfallen sein. Dennoch lassen sie sich am Erdboden nachweisen. Wie kann das sein? Die Antwort liefert die Spezielle Relativitätstheorie: Die Myonen sind so schnell, daß ihre »innere Uhr« wesentlich langsamer geht als die auf der Erde – sie leben länger.

Im Jahre 1941 gelang es Bruno Rossi und David Hall von der Universität Chicago erstmals, diesen Effekt zu messen. Mit einer speziellen Apparatur registrierten sie in zwei unterschiedlichen Höhen über dem Meeresspiegel, nämlich in Denver, Colorado (1616 m) und am nahe gelegenen Echo Lake (3240 m) die Myonen aus der Höhenstrahlung. In beiden Fällen konnten sie die Mesonen nachweisen, was Einsteins Theorie der Zeitdehnung damals in einzigartiger Weise bestätigte. Rossi und Hall fanden überdies als Folge des Zerfalls mehr Teilchen am Echo Lake als in Denver. Unter der Annahme, daß die Formeln der Speziellen Relativitätstheorie richtig sind, konnten sie nun aus den Zählraten die Lebensdauer der Myonen bestimmen. Allerdings konnten Rossi und Hall die Voraussagen der Speziellen Relativitätstheorie noch nicht quantitativ überprüfen. Dies wurde erst möglich, als man in der Lage war, schnelle Myonen unter kontrollierten Bedingungen herzustellen und deren Zerfall zu beobachten. Im Europäischen Zentrum für Teilchenforschung CERN bei Genf wurde 1976 ein solches Experiment durchgeführt. In einem Beschleuniger schoß man dort Teilchen mit hoher Geschwindigkeit aufeinander. Die bei diesen Kollisionen entstehenden Trümmerteilchen wurden anschließend in einen sogenannten Speicherring eingeschleust, wo sie mit 99,94 Prozent der Lichtgeschwindigkeit kreisten. Hierin ließ sich nun die Halbwertszeit der Myonen messen. Sie betrug 44,6 millionstel Sekunden, war also dreißigmal größer als im Ruhezustand. Das Ergebnis stimmte im Rahmen der Meßgenauigkeit von 0,2 Prozent mit den Vorhersagen der Speziellen Relativitätstheorie überein. Auch hier müssen die Theoretiker die Kreisbahn der Teilchen als aus Polygonzügen zusammengesetzt betrachten.

Heute ist es beim CERN möglich, Teilchen bis auf 99,9997 Prozent der Lichtgeschwindigkeit zu beschleunigen. Für sie vergeht die Zeit rund 400mal langsamer als im umgebenden Laboratorium. Hätte man Sie, lieber Leser oder liebe Leserin, zur Zeit des Baus der Cheopspyramide in einen solchen Beschleuniger gesteckt und wie die Myonen bis heute darin herumsausen lassen, so wären sie heute elf Jahre älter als damals!

Abgesehen davon, daß es kein Mensch lange in einem Teilchenbeschleuniger aushalten würde, spricht nichts dagegen, daß sich die Verlangsamung des Alterungsprozesses auch auf Lebewesen auswirken müßte. Raumfahrtpioniere, wie Eugen Sänger oder Wernher von Braun, haben die phantastischen Möglichkeiten, die in dem Effekt der Zeitdilatation stecken, in ihrer Phantasie ebenso ausgemalt wie unzählige Science-fiction-Autoren. Die Zeitdehnung nährt die Hoffnung auf die Erfüllung eines Traums: die Reise zu anderen Sternen.

Das Weltall ist so gut wie leer. Ein Lichtstrahl, der die auf der Erde schon beträchtliche Distanz von London nach Moskau in gerade einmal einer tausendstel Sekunde durcheilt, ist bis zum nächsten Stern, Proxima Centauri, schon über vier Jahre lang unterwegs. Die schnellste jemals von Menschen gebaute Raumsonde, Voyager 2, würde für diese Strecke bereits über 80 000 Jahre benötigen.

Wenn es gelänge, einen Raketenantrieb zu bauen, der ein Raumschiff auf 99 oder gar 99,9 Prozent der Lichtgeschwindigkeit beschleunigte, so würde sich das Leben der an Bord befindlichen Astronauten gegenüber uns Erdenbürgern um das sieben- beziehungsweise 22fache verlangsamen (siehe Tabelle auf Seite 43). Hiermit wäre es prinzipiell möglich, einen hundert Lichtjahre entfernten Stern anzufliegen und nach der Erkundung eines möglichen Planetensystems zur Erde zurückzukehren. Die Astronauten wären dabei nur um knapp dreißig beziehungsweise neun Jahre gealtert. Bei ihrer Rückkehr würde sich aber vermutlich niemand mehr an sie erinnern, da auf der Erde während ihrer Abwesenheit etwa 200 Jahre vergangen sind.

Bei diesem reinen Rechenexempel sind wir davon ausgegangen, daß das Raumschiff ohne Beschleunigungsphase nahezu Lichtgeschwindigkeit erreicht. Dies ist selbstverständlich weder technisch möglich, noch würde ein Mensch diesen Geschwindigkeitssprung, der mit einer unvorstellbar großen Beschleunigung verbunden wäre, überleben. Es läßt sich aber berechnen, wie lange es dauern würde, bis ein mit der konstanten Beschleunigung von 10 m/s^2 vorangetriebenes Raumschiff in den Bereich der Lichtgeschwindigkeit vordringen würde. Dieser Wert entspricht derjenigen der Erdbeschleunigung, das heißt, die Astronauten könnten sich im Innern des Raumschiffes bewegen wie auf der Erde. (Wenn wir hier die Beschleunigung der Rakete mit derjenigen an der Erdoberfläche gleichsetzen, die von der Schwerkraft erzeugt wird, greifen wir genaugenommen der Allgemeinen Relativitätstheorie vor. Das Problem läßt sich aber auch mit den Formeln der Speziellen Relativitätstheorie lösen.)

Das konstant beschleunigte Raumschiff würde bereits nach einem Jahr 76 Prozent, nach zwei Jahren 96 Prozent, nach vier Jahren 99,93 und nach sechs Jahren 99,999 Prozent der Lichtgeschwindigkeit erreicht haben. Diese Zeitangaben beziehen sich auf die Uhr des Astronauten. Die sechs Jahre Astronautenzeit entsprächen bereits 200 Jahren Erdzeit.

Nach vier Jahren (entsprechend 27 Erdjahren) wären die Astronauten bereits an dem 26 Lichtjahre entfernten Stern Wega angelangt, nach 13 Jahren (100 000 Erdjahren) hätten sie die 100 000 Lichtjahre im Durchmesser zählende Milchstraße hinter sich gelassen, und bereits drei Jahre später (nach 2,3 Millionen Erdjahren) hätten sie die 2,3 Millionen Lichtjahre bis zum Andromeda-Nebel zurückgelegt. Man glaubt es vielleicht nicht, aber die Raumfahrer wären seit dem Start tatsächlich nicht einmal um dreißig Jahre gealtert, wenn sie die heute bekannten entferntesten Galaxien erreichen würden. Die Erde gäbe es dann nicht mehr, denn die Sonne wäre bereits längst verglüht. Möglich ist diese Gedankenreise durch Zeit und Raum nur, weil die Zeit in dem fast mit Lichtgeschwindigkeit fliegenden Raumschiff nahezu stillstünde.

Ob interstellare oder gar intergalaktische Reisen, auf denen die Zeitdilatation die Astronauten jung erhält, jemals möglich sein werden, sei dahingestellt. Die heutige Raketentechnik scheidet für ein solches Vorhaben zweifellos aus. Unvorstellbare Treibstoffmengen wären nötig, um ein Raumschiff mehrere Jahre lang konstant anzutreiben. Aber selbst spekulative Antriebe, die auf der Zerstrahlung von Materie und Antimaterie oder dem Rückstoß von Lichtteilchen beruhen, verlangen enorme Treibstoff- oder Energiemengen. Diesem Unterfangen wirkt nämlich ein weiterer Effekt der Speziellen Relativitätstheorie entgegen, den wir etwas später erklären werden: Die träge Masse eines Körpers wächst mit seiner Geschwindigkeit stark an. Das heißt, der für die Beschleunigung nötige Energieaufwand wächst mit steigender Geschwindigkeit des Raumschiffes immer stärker an.

Wir müssen das Faszinosum der Zeitdilatation als gegeben hinnehmen, auch wenn sich intuitiv in unserem Innern alles dagegen sträubt, zahllose Experimente belegen dessen Richtigkeit. Es gibt auch keinen Grund anzunehmen, daß die Verlangsamung des Zeitenlaufs vor biologischen Vorgängen wie dem Altern von Lebewesen haltmacht. Allerdings würde ein Mensch in einem schnellen Raumschiff gar nicht bemerken, daß er langsamer altert als die Erdenbürger. Der Astronaut selbst hat nämlich nicht den Eindruck, daß die Zeit langsamer vergeht. Kontrollierte er seinen Herzschlag mit einer an Bord befindlichen Uhr, würde er keine Veränderung zu seinem vorherigen Leben auf der Erde feststellen. Alles in seinem Raumschiff verlangsamte seinen Lauf im selben Maße: der Schwingquarz in der Uhr ebenso wie der Herzrhythmus, der tropfende Wasserhahn ebenso wie die Denkgeschwindigkeit.

Könnten wir einen Astronauten aber von der Erde aus in seinem Raumschiff beobachten, würden wir alle seine Bewegungen wie in Zeitlupe sehen. Würde umgekehrt der Astronaut mit einem starken Teleskop uns auf der Erde beobachten, so erschienen ihm unsere Bewegungen in demselben Maße verlangsamt wie uns die Seinen. Die Relativitätstheorie unterscheidet eben nicht zwischen ruhenden und bewegten Systemen. Sie kennt nur Systeme, die relativ zueinander bewegt sind. Deshalb könnten wir Erdenbürger ebenso behaupten, uns in Ruhe zu befinden wie der Astronaut. Und jedes System hat abhängig von seiner Relativgeschwindigkeit seine Eigenzeit.

Das Zwillingsparadoxon

Gerade die Gleichberechtigung der Bezugssysteme und die daraus resultierende bemerkenswerte Symmetrie brachte Kritiker der Speziellen Relativitätstheorie auf ein Gedankenexperiment, das sie als schlagkräftigen Gegenbeweis der Einsteinschen Theorie ins Felde führten. Es ist als Zwillingsparadoxon berühmt geworden.

Stellen wir uns vor, in ferner Zukunft sei es möglich, Raumschiffe zu bauen, die nahezu mit Lichtgeschwindigkeit fliegen können. Im Jahre 2100 begibt sich der Astronaut Neil Armstrong jr. auf eine Reise zum 25 Lichtjahre entfernten Stern

Wega. Zufällig ist am Starttag sein dreißigster Geburtstag, den er zusammen mit seinem Zwillingsbruder feiert. Um die folgende Betrachtung zu vereinfachen, nehmen wir an, die Rakete würde nahezu ohne Zeitverlust auf 98 Prozent der Lichtgeschwindigkeit beschleunigt und würde mit dieser Geschwindigkeit die Reise fortsetzen. Bei der Wega nimmt Armstrong jr. vom Raumschiff aus einige Messungen vor, dreht dann ohne Aufenthalt um und kehrt mit derselben Geschwindigkeit wie auf dem Hinweg zur Erde zurück. Auf dem Heimatplaneten angekommen begrüßen sich die beiden Brüder herzlich, aber sie müssen feststellen, daß sie, die Zwillinge, nicht mehr gleich alt sind. Nach Neils Borduhr sind seit seinem Start zehn Jahre vergangen, er ist also vierzig Jahre alt. Sein Bruder feiert hingegen bereits seinen achtzigsten Geburtstag, hat demnach also fünfzig Jahre auf Neils Rückkehr warten müssen.

Was uns intuitiv schreckt, ist im Lichte der Speziellen Relativitätstheorie vollkommen klar. Da sich Neil in einem schnell bewegten Bezugssystem aufgehalten hat, ist seine Borduhr langsamer gelaufen als die seines Bruders auf der Erde. Bei 98 Prozent der Lichtgeschwindigkeit beträgt der Zeitdehnungsfaktor fünf, das heißt im Raumschiff verging die Zeit fünfmal langsamer als auf der Erde.

Zu einem Paradoxon, also einem in sich widersprüchlich erscheinenden Zustand, wird dieses Beispiel erst durch den Grundsatz, daß alle Inertialsysteme gleichberechtigt sind. Das heißt, die Behauptung des Bruders, er habe sich auf der Erde in Ruhe befunden und Neil habe sich schnell bewegt, läßt sich ebenso umkehren in die Behauptung, Neil sei unbewegt geblieben und der Bruder habe sich mit der Erde von ihm entfernt. Wem diese Anschauung immer noch befremdlich vorkommt, kann sich den Bruder auch in einem Raumschiff vorstellen, das irgendwo im Weltraum so stationiert ist, daß es bezüglich der Erde in Ruhe ist. Nun hat man also zwei Brüder in zwei Raumschiffen, die sich gegenseitig voneinander entfernen. Betrachtet sich Neil als ruhend, so muß er annehmen, daß die Uhr seines Bruders (auf der Erde oder im anderen Raumschiff) langsamer geht. Bei ihrem Wiedersehen müßte nun Neil schneller gealtert sein als sein Zwilling. Eine von beiden Schlußfolgerungen muß aber falsch sein, denn einer der beiden Brüder kann beim Wiedersehen nicht gleichzeitig älter und jünger sein als der andere. Gibt es das Phänomen der Zeitdilatation also doch nicht? Und ist die Relativitätstheorie falsch?

So haben es Kritiker immer wieder sehen wollen. Tatsächlich hat aber schon Einstein dieses Problem geklärt. Des Rätsels Lösung liegt darin, daß die völlig symmetrische Betrachtung, »Neil in Ruhe und der Bruder bewegt« oder »der Bruder bewegt und Neil in Ruhe«, nicht zutrifft. Es gibt einen entscheidenden Unterschied zwischen beiden: Während sich der Bruder tatsächlich die ganze Zeit über in einem Inertialsystem befindet, ist dies bei Neil nicht der Fall. Sein Raumschiff muß selbst unter Berücksichtigung aller denkbaren Vereinfachungen mindestens einmal stark beschleunigt werden, und zwar bei der Umkehr an der Wega. Sein Raumschiff bildet daher kein Inertialsystem, so daß auf dieses die Spezielle Relativitätstheorie nicht angewandt werden darf. Es wird manchmal vermutet, daß die bei der Beschleunigung auftretenden Kräfte den wesentlichen Einfluß auf den Gang der Uhr ausüben. Das ist aber nicht der Fall. Man kann unser Gedankenexperiment so anlegen, daß der Moment der Beschleunigung gegenüber den beiden langen Strecken nicht ins Gewicht fällt. Entscheidend ist die Tatsache, daß man an dem Wendepunkt beim Stern Wega das Inertialsystem wechseln muß. Erst eine genaue Analyse in einem Raum-Zeit-Diagramm klärt schließlich das Zwillingsparadoxon, und es zeigt sich, daß tatsächlich der Astronaut Neil langsamer altert als sein auf der Erde zurückbleibender Bruder.

Schnelle Körper schrumpfen

Bleiben wir noch ein wenig bei Neil Armstrong jr., denn er hält eine weitere Überraschung bereit: Betrachten wir nur einmal den Hinweg zur Wega mit konstanter Geschwindigkeit. Der Astronaut weiß bei seiner Ankunft, daß er fünf Jahre lang mit 98 Prozent der Lichtgeschwindigkeit gereist ist, er kann also leicht ausrechnen, daß er insgesamt $5 \cdot 0{,}98 = 4{,}9$ Lichtjahre zurückgelegt hat. Wie kann er aber dann schon am Ziel sein, wenn die Astronomen auf der Erde den Abstand ihres Heimatplaneten zur Wega ziemlich genau mit 25 Lichtjahren bestimmt haben? Wer hat nun recht? Antwort: beide, denn sowohl Neil Armstrong jr. als auch die Astronomen befinden sich in völlig gleichberechtigten Systemen. Die Lösung lautet: Entfernungen sind relativ. Genauer: In Bewegungsrichtung verkürzen sich alle Körper und Entfernungen um denselben Faktor, um den die Zeit gedehnt wird. Eine Distanz l im ruhenden System schrumpft in einem mit v bewegten System zur Strecke l'. Diese berechnet sich nach der Formel $l' = l \cdot \sqrt{1 - (v/c)^2}$.

Diese Längenkontraktion ist neben der Zeitdilatation das wohl bekannteste Phänomen der Speziellen Relativitätstheorie. Sie besagt allgemein, daß sich in einem bewegten Bezugssystem die Maßstäbe in Bewegungsrichtung verkürzen. Der Begriff Maßstab meint hier nicht nur speziell ein Metermaß, sondern ganz allgemein Distanzen im Raum. Die Längenkontraktion wirkt sich also sowohl auf den leeren Raum als auch auf feste Körper aus.

Unter diesem Aspekt läßt sich auch das Phänomen der atmosphärischen Myonen sehen (vergleiche Seite 45). Wegen der hohen Geschwindigkeit erscheint der zurückgelegte Weg wegen des Effekts der Längenkontraktion stark verkürzt. Aus der Sicht der Myonen müssen diese Teilchen nicht dreißig Kilometer bis zum Boden zurücklegen, sondern bloß wenige hundert Meter. Zeitdilatation und Längenkontraktion sind also zwei komplementäre Aspekte bei der Beschreibung ein und desselben Vorgangs. Wie bereits beschrieben, hatten schon vor Einstein die Physiker Lorentz und Fitzgerald die Vorstellung der Längenkontraktion entwickelt, weshalb man dieses Phänomen heute auch Lorentz-Kontraktion nennt. Die beiden Forscher waren jedoch noch vollkommen im mechanistischen Denken verhaftet und versuchten, dieses Phänomen durch geschwindigkeitsabhängige Kräfte zwischen den Atomen zu erklären, die durch den Äther vermittelt werden.

Im Lichte der Speziellen Relativitätstheorie erklärt sich nun alles rein logisch aus der Konstanz der Lichtgeschwindigkeit und der Relativität der Zeit. Die Längenkontraktion ist eine natürliche Folge der Struktur der Raum-Zeit. Sie darf nicht so verstanden werden, daß die Atome und Moleküle in einem schnell bewegten Körper in Bewegungsrichtung zusammengedrückt werden.

Wie das Beispiel der Myonen zeigt, ist die Längenkontraktion kein Scheinphänomen. Ließe sich dann dieser Effekt also auch direkt beobachten? Sehen wir ein schnell fliegendes Raumschiff gestaucht? Über fünf Jahrzehnte lang waren die Physiker davon überzeugt, daß dem so ist. Erst Ende der fünfziger Jahre stieß der amerikanische Astronom James Terrel auf einen bis dahin unbemerkt gebliebenen Denkfehler. Er beruht darauf, daß Licht, das von unterschiedlichen Stellen eines Körpers gleichzeitig ausgesandt wird, nicht zur selben Zeit bei uns eintrifft. Als Folge davon haben wir den Eindruck, als würden wir den Körper schräg von hinten sehen.

Um diesen Effekt zu verstehen, denken wir uns ein Raumschiff, das möglichst einfach gebaut ist. Es soll die schlichte Form eines Zylinders besitzen, der mit der Geschwindigkeit v an uns nach rechts vorbeifliegt. Außerdem nehmen wir an, daß die Rakete weit von uns entfernt ist, dann nämlich können wir vereinfachend davon ausgehen, daß die Lichtstrahlen parallel zu uns verlaufen. Es genügt, sich klarzumachen, was

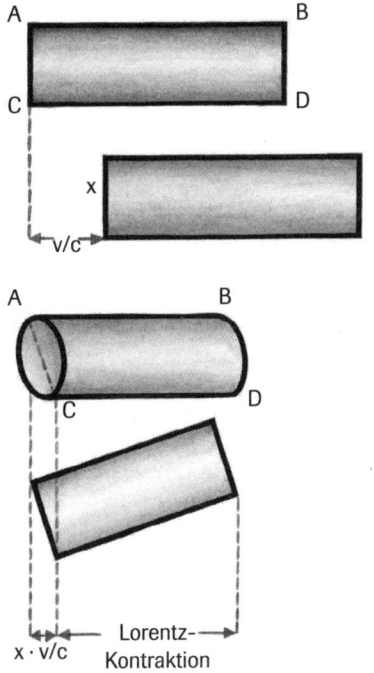

Eine schnell bewegte Rakete mit der Geschwindigkeit v wird von einem entfernten Beobachter wahrgenommen, als würde er sie schräg von hinten sehen. In der Zeitspanne, die das Licht benötigt, um von den hinteren Punkten A und B bis zu die vorderen Kanten C und D zu gelangen, ist die Rakete um die Strecke v · t weitergeflogen. Die Breite der hierdurch sichtbar werdenden Unterseite der Rakete ergibt sich dann aus x · v/c.

mit jenen Lichtstrahlen passiert, die von den nächsten und entferntesten Punkten (in der Abbildung A, B, C und D) in unsere Richtung ausgehen.

Bei einer ultrakurzen Momentaufnahme registriert ein Fotoapparat Lichtstrahlen, die gleichzeitig auf dem Film auftreffen. Wegen der endlichen Lichtlaufzeit muß aber Licht von den etwas weiter entfernten Punkten A und B auf der Rakete früher ausgesandt worden sein als von den näher gelegenen C und D. Das von Punkt B kommende Licht gelangt jedoch nicht zu uns, da es von der sich bewegenden Rakete verdeckt wird. Das von A ausgesandte Licht erreicht uns hingegen, da sich die Rakete von ihm wegbewegt. In dem Zeitintervall, den das Licht von A bis C benötigt, hat sich die Rakete bereits ein gutes Stück weiterbewegt. Erst jetzt gehen von C und D jene Lichtstrahlen aus, die mit dem von A gleichzeitig in der Kamera ankommen. Auf dem Foto erscheint die Rakete daher verzerrt: In der Längsrichtung ist sie wegen der Lorentz-Kontraktion gestaucht, und zudem erkennt man die Rückseite des Zylinders. Mit einfachen Mitteln läßt sich die Geometrie der Abbildung konstruieren, grundsätzlich leuchtet bereits ein: Je schneller die Rakete fliegt, desto stärker erscheint die Längsseite Lorentz-verkürzt, der rückwärtige Teil jedoch um so größer abgebildet. Anders betrachtet: Auf einem Foto sieht ein schnell bewegter Körper so aus, als hätten wir ihn in Ruhe schräg von hinten fotografiert. Der Winkel ist um so größer, je mehr sich die Relativgeschwindigkeit der des Lichts annähert.

Terrell wurde übrigens anfänglich mit seiner Entdeckung nicht sonderlich ernst genommen, und mußte erleben, wie mehrere Zeitschriften seinen Aufsatz mit dem Argument ablehnten, er widerspräche der gängigen Lehrmeinung. Erst als der bekannte Theoretiker Roger Penrose auf diesen Effekt stieß, veröffentlichte die Zeitschrift ›Physical Review‹ 1959 Terrells Arbeit. Einstein hätte diese Art von Zensur sicher nicht gefallen.

Bislang haben wir nur eine Verkürzung in Bewegungsrichtung betrachtet. Könnte es nicht sein, daß die Rakete auch senkrecht zur Flugrichtung kleiner, also gewissermaßen schlanker wird? Ein Gedankenexperiment wird uns davon überzeugen, daß dies nicht möglich ist.

Denken wir uns einen Zug, einen Hyper-ICE, der mit hoher Geschwindigkeit über die Schienen rast. Angenommen, er würde nicht nur in Fahrtrichtung gestaucht, sondern auch senkrecht dazu. Dann würde ein hinter dem Zug stehender Streckenwärter beobachten, daß die Räder nicht mehr auf den relativ zum Beobachter ruhenden Schienen laufen, sondern *innerhalb* von ihnen. Der Zug würde entgleisen. Ein mitfahrender Schaffner würde sich jedoch ebenso wie der Streckenarbeiter in einem Inertialsystem befinden und die Situation gleichberechtigt beurteilen. Er würde feststellen, daß sein Zug in Ruhe ist und die Schienen sich schnell bewegen. Folgerichtig müßte er einen verkleinerten Abstand zwischen den Schienen beobachten und daß die Räder *außerhalb* von ihnen laufen. Er käme also zu dem gegenteiligen Urteil des Streckenarbeiters. Die Relativitätstheorie fordert unserer Phantasie zwar einiges ab, aber sie verlangt nicht, daß die Räder eines Zuges gleichzeitig außerhalb und innerhalb des Schienenstranges laufen. Die Lorentz-Kontraktion wirkt sich also nur in Bewegungsrichtung aus.

Zeitdilatation und Längenkontraktion ergaben sich also aus der Konstanz der Lichtgeschwindigkeit. Sie ist auch dafür verantwortlich, daß das Galileische Additionsgesetz der Geschwindigkeiten nicht stimmt. Überhaupt war dieses alte Theorem ja einer der Schwachpunkte in der klassischen Physik, da sich die Gesetze der Elektrodynamik veränderten, wenn man sie einmal von einem relativ ruhenden und ein anderes Mal von einem dazu bewegten System aus betrachtete.

Zur Erinnerung: Bewegen sich zwei Autos mit den Geschwindigkeiten v_1 und v_2 in derselben Richtung, so ergibt sich laut Galilei die Relativgeschwindigkeit v_{rel} aus der Addition oder Subtraktion: $v_{rel} = v_1 + v_2$. Einstein führte nun nach der bewährten Methode, mit der er Zeitdilatation und Längenkontraktion erhalten hatte, eine Transformation von einem gleichförmig bewegten System in ein anderes durch und kam nun zu dem Ergebnis:

$$v_{rel} = \frac{v_1 + v_2}{1 + v_1 \cdot v_2 / c^2}$$

Auch hier erkennt man wieder, daß sich die Formel bei Geschwindigkeiten wesentlich unterhalb der Lichtgeschwindigkeit der alten Galileischen Form annähert, weil das Produkt $v_1 \cdot v_2$ viel kleiner als c^2 ist, so daß der Nenner fast genau den Wert eins besitzt. Bei genauerem Hinsehen bemerkt man aber noch weitere interessante Folgen. So ist die Relativgeschwindigkeit stets kleiner als die Summe der Einzelgeschwindigkeiten, und sie wird nie größer als die Lichtgeschwindigkeit. Außerdem nimmt sie genau dann den Wert der Lichtgeschwindigkeit an, wenn eine der beiden Geschwindigkeiten v_1 oder v_2 der Lichtgeschwindigkeit entspricht. Damit enthält die Formel Einsteins zweite Grundforderung: Licht, oder allgemeiner elektromagnetische Wellen, bewegen sich gegenüber jedem System stets mit Lichtgeschwindigkeit.

Überdies war mit dieser neuen Transformationsformel auch das große Problem der Unverträglichkeit von Newtonscher Mechanik und Maxwellscher Elektrodynamik überwunden. Übertrug man nämlich die Maxwellschen Gesetze mit Einsteins Transformationsformel von einem System ins andere, so blieben sie unverändert. Mechanik und Elektrodynamik standen somit versöhnt nebeneinander.

Was ist Masse – oder $E = mc^2$

Einstein hatte mit der Speziellen Relativitätstheorie auf einen Schlag viele bis dahin als absolut geltende Größen relativiert: Raumintervalle verkleinerten sich, Zeiträume wurden kürzer, ja selbst die Reihenfolge von Ereignissen konnte sich umkehren. Letztlich sollte sich die Relativität auch auf eine andere Grundgröße auswirken: die Masse.

Bereits vor Einsteins Arbeit im Jahre 1905 diskutierten die Physiker über den Begriff und die Ursache der Masse. Der deutsche Physiker Walter Kaufmann hatte sich vier Jahre zuvor mit Elektronenstrahlen beschäftigt. Elektronen sind Elementarteilchen, die eine negative Ladung tragen. Schießt man sie durch ein Magnetfeld, so werden sie aufgrund ihrer Ladung von der geradlinigen Bahn abgelenkt. Bei einem Magnetfeld konstanter Stärke hängt der Ablenkungsgrad von dem Wert der Ladung und von der Masse des Elektrons ab. Kaufmann hatte nun bei Experimenten beobachtet, daß die Elektronen um so geringer abgelenkt wurden, je schneller sie in das Magnetfeld hineingeschossen wurden.

Verschiedene Forscher versuchten dieses Ergebnis zu erklären, wobei sich bald eine Theorie durchsetzte, in der man annahm, die Elektronenmasse würde mit zunehmender Geschwindigkeit anwachsen. Allerdings meinte man, das Elektron besäße keine »normale« Masse, sondern sei gleichsam nichts anderes als elektrische Ladung und eine »Masse elektromagnetischen Ursprungs«. Man führte also auf etwas künstliche Weise eine zweite Massenart ein, um die Kaufmannschen Ergebnisse zu erkären. Diese elektromagnetische Masse beschrieb sozusagen die Trägheit einer Ladung in einem elektrischen Feld.

Einstein ging dieses Problem in seiner Arbeit von 1905 in derselben Weise an, in der er auch schon Zeitdilatation und Längenkontraktion gefunden hatte: Er untersuchte, wie sich die entsprechenden Größen verhalten, wenn man sie einmal in einem ruhenden und ein anderes Mal in einem gleichförmig bewegten System betrachtet. Im letzten Teil seiner Arbeit fragte er sich, wie sich die Kraft auf ein Teilchen bei dem Übergang von einem zum anderen System verhält. Nach einigen Umrechnungen fand er heraus, daß die Masse eines Teilchens mit der Geschwindigkeit v um den Faktor $(1/\sqrt{1-(v/c)^2})$ anwächst.

Entscheidend hieran ist, daß die Wurzel im Nenner des Bruchs steht. Je näher ein Teilchen an die Lichtgeschwindigkeit herankommt, desto mehr nähert sich der Bruch $(v/c)^2$ dem Wert 1. Das heißt, die Wurzel geht gegen null und damit der Bruch gegen unendlich. Mit steigender Geschwindigkeit nimmt also die Masse stark zu und wird schließlich nahezu unendlich groß. Damit ist klar, daß ein Körper nie auf Lichtgeschwindigkeit beschleunigt werden kann. Hierfür wäre eine unendlich große Kraft nötig, die es aber nicht gibt.

Nehmen wir wieder das Beispiel unseres Raumschiffes, das konstant mit 10 m/s^2 beschleunigt wird. Gälte die Newtonsche Mechanik, so hätte es nach fast genau einem Jahr die Lichtgeschwindigkeit erreicht und würde sie danach überschreiten. Da aber die Masse mit der Geschwindigkeit anwächst, führt die konstante Beschleunigung zu einer immer geringeren Geschwindigkeitszunahme. Tatsächlich ist das Raumschiff nach einem Jahr erst bei 76 Prozent der Lichtgeschwindigkeit angelangt. Und würde es auch noch so lange weiterbeschleunigt, es würde nie die Lichtgeschwindigkeit erreichen.

Ganz wesentlich für Einsteins Herleitung der Massenzunahme ist die Tatsache, daß sie für alle Massen galt. Man mußte nicht mehr zwischen einer »wägbaren« (damals »ponderabel« genannten) und einer elektromagnetischen Masse unterscheiden. Ganz allgemein nimmt die träge Masse eines Körpers mit steigender Geschwindigkeit zu. Dies darf man sich jedoch nicht etwa so vorstellen, als würde ein Körper während des Fluges weitere Atome hinzugewinnen. Ein Astronaut mit einer Masse von achtzig Kilogramm, der sich mit 99 Prozent der Lichtgeschwindigkeit durchs All bewegt, besäße eine Masse von über einer halben Tonne. Dennoch würde er sich kein Gramm schwerer fühlen. Es ist die träge Masse, die anwächst. Jene Masse also, die sich einer Beschleunigung entgegensetzt.

Die relativistische Massenzunahme äußert sich heute besonders drastisch in der Konstruktion von Teilchenbeschleunigern. Im Europäischen Zentrum für Teilchenforschung CERN wird 2008 ein Beschleuniger mit der Bezeichnung Large Hadron Collider, LHC, in Betrieb gehen, der die positiv geladenen Kernbausteine, Protonen, in einem ringförmigen Beschleuniger auf 99,999 998 9 Prozent der Lichtgeschwindigkeit bringen soll. Während elektrische Felder die Teilchen auf diese enorme Geschwindigkeit beschleunigen, halten Magnetfelder sie auf der Kreisbahn mit einem Umfang von knapp 27 Kilometern. Elektromagnete müssen hierfür die stärksten heute realisierbaren Magnetfelder im Bereich von zehn Tesla erzeugen – über 100 000mal stärker als das Erdmagnetfeld. Der Grund ist, daß die Protonen bei dieser Geschwindigkeit 7000mal schwerer sind als in Ruhe. Beim Deutschen Elektronen Synchrotron, DESY, in Hamburg werden Elektronen so weit an die Lichtgeschwindigkeit heran beschleunigt, daß ihre Masse gar um das 55 000fache anwächst.

Zurück zu Einstein: Am Ende seiner Arbeit untersuchte er auch, wie sich die Bewegungsenergie eines Teilchens bei unterschiedlichen Geschwindigkeiten verhält. Auch hier war er auf eine von der Newtonschen Physik abweichende Formel gestoßen, allerdings hatte er den Gedanken nicht bis zum Ende weitergeführt. Gleich nach der Ablieferung des Manuskripts beschäftigte ihn die Frage nach dem »Energieinhalt« eines Körpers aber weiter. Ein Vierteljahr später reichte er bei den ›Annalen der Physik‹ eine nur drei Seiten umfassende Arbeit mit dem Titel ein: »Ist die Trägheit eines Körpers von seinem Energieinhalt abhängig?« Sie hatte die wohl berühmteste Formel der Weltgeschichte zum Ergebnis: $E = mc^2$. Einstein schrieb:»Gibt ein Körper die Energie E in Form von Strahlung ab, so verkleinert sich« seine Masse um E/c^2.« (Einstein verwendete die Buchstaben L für die Energie und V für die Lichtgeschwindigkeit, erst später bürgerten sich die Bezeichnungen E und c ein.)

Auch andere Physiker hatten schon zuvor über eine Beziehung zwischen Energie und Masse nachgedacht, so daß später viel darüber diskutiert wurde, ob Einstein tatsächlich als erster die »Schicksalsformel« gefunden hat. Heute besteht aber kein Zweifel mehr daran, daß er der erste war, der die korrekte mathematische Beziehung fand und der die vollständige Äquivalenz von Masse und Energie behauptete. Außerdem hatte niemand vor ihm die Masse-Energie-Beziehung aus so allgemeinen Prinzipien hergeleitet wie er.

Einstein war auf die berühmte Beziehung wieder einmal durch ein Gedankenexperiment gekommen, das wir hier jedoch nicht erläutern wollen. Obwohl sich dieses ausschließlich auf Strahlung bezog, folgerte Einstein in einer für ihn charakteristischen Weise viel allgemeiner: »Hierbei ist es offenbar unwesentlich, daß die dem Körper entzogene Energie gerade in Energie der Strahlung übergeht, so daß wir zu der allgemeineren Folgerung geführt werden: Die Masse eines Körpers ist ein Maß für dessen Energieinhalt ... Es ist nicht ausgeschlossen, daß bei Körpern, deren Energeinhalt in hohem Maße veränderlich ist (zum Beispiel bei den Radiumsalzen), eine Prüfung der Theorie gelingt.«

Der Massebegriff war dadurch komplizierter geworden. Zum einen besitzt ein Körper eine »dynamische« Masse, die mit steigender Geschwindigkeit zunimmt. Dadurch wächst auch die »klassische« (kinetische) Bewegungsenergie eines Körpers nahe der Lichtgeschwindigkeit enorm an. Befindet sich der Körper in Ruhe, so besitzt er keine Bewegungsenergie mehr, aber seine innere Energie (mc^2) ist nach wie vor vorhanden. Sie zu befreien kam einem Pakt mit dem Teufel gleich.

Einstein hatte bei der Umwandlung von Masse in Energie den radioaktiven Zerfall von Radium im Auge, hielt jedoch einen experimentellen Nachweis mit den damaligen Methoden für unmöglich. Schon 1904 hatte der Chemiker Frederick Soddy bemerkt: »Die Atommasse muß als Funktion der inneren Energie betrachtet werden, und deren Umwandlung in Radioaktivität geht, zumindest teilweise, auf Kosten der Masse des Systems.« Und Ernest Rutherford, der zusammen mit

Soddy 1902 entdeckt hatte, daß es sich bei der Radioaktivität um eine Atomumwandlung unter Freisetzung von Energie handelt, sprach später einmal die Hoffnung aus, der Menschheit möge es nie gelingen diese Energie freizusetzen, bevor sie den allgemeinen Frieden gefunden habe. Es sollte anders kommen.

Die gigantische Sprengkraft der Atombomben beruht auf nichts anderem als auf der Verwandlung von Materie in Energie. Bei der Explosion werden Atomkerne gespalten, wobei ein Promille der Kernmaterie in Energie umgesetzt wird. Wieviel Energie in der Materie schlummert, zeigen uns die Atombomben von 1945. Rund ein Gramm Uran beziehungsweise Plutonium wurde in Explosionsenergie umgesetzt, als die Bomben in Hiroshima und Nagasaki jeweils über 100 000 Menschen töteten. Ebenfalls nach der Materie-Energie-Umwandlung funktionieren die noch gewaltigeren Wasserstoffbomben. In ihnen werden nicht Atomkerne gespalten, sondern miteinander verschmolzen oder fusioniert. Auch hierbei geht Materie verloren und wird als Energie freigesetzt.

In den heutigen Kernkraftwerken haben wir die Kernspaltung gezügelt und nutzen die freiwerdende Energie zur Stromerzeugung. Die Kernfusion läßt sich dagegen in Laboratorien wesentlich schwerer kontrollieren. Weltweit arbeiten Forscher an dem Projekt, einen Fusionsreaktor zu bauen, der alle Energieprobleme der Zukunft lösen soll, denn das Brennmaterial läßt sich aus Wasser gewinnen. In vielleicht vierzig Jahren glauben sie, ihr Ziel erreicht zu haben. (Ab Seite 118 werden wir auf diese für unsere Gesellschaft wesentlichen Aspekte der Relativitätstheorie etwas detaillierter eingehen.)

In der Natur spielt die Schicksalsformel an einer Stelle eine ganz entscheidende Rolle: Im Innern der Sterne, auch unserer Sonne. Im Zentralbereich der Sonne sind bei Temperaturen um 15 Millionen Grad Atome ionisiert, das heißt, sie besitzen keine Elektronen mehr in der Hülle. Da das Sonnengas überwiegend aus Wasserstoff besteht, fliegen im Zentralbereich Protonen umher. Diese stoßen sich aufgrund ihrer positiven elektrischen Ladung zwar ab, einige von ihnen aber sind so schnell, daß sie bei einem Zusammenstoß die elektrische Barriere überwinden und sich zu einem Teilchen vereinen. Auch dieses neu geschaffene Deuteriumteilchen kann wieder mit einem Proton fusionieren und so weiter. Überall im Zentralbereich der Sonne und der anderen Sterne laufen diese Reaktionen ab. Hierbei werden in mehreren Schritten jeweils vier Wasserstoffkerne (Protonen) zu einem Heliumkern verschweißt. Im Innern der Sonne endet die Fusionskette bei diesem Element. Bei noch höheren Temperaturen geht der Vorgang jedoch weiter, so daß immer schwerere Kerne entstehen.

Nun ist ein Heliumkern aber leichter als die Summe von vier Protonen, die Massendifferenz wird bei jedem Reaktionsschritt in Form von Strahlungsenergie abgegeben. In jeder Sekunde verwandelt der Sonnenfusionsreaktor auf diese Weise über 500 Millionen Tonnen Wasserstoff in Helium. Etwa 0,7 Prozent hiervon, entsprechend über vier Millionen Tonnen Materie, werden zu Energie. Diese Menge würde ausreichen, um eine Million Jahre lang den gesamten heutigen Energiebedarf der Menschheit zu decken. Im Zeitraum von 45 Millionen Jahren verliert unser Tagesgestirn dadurch eine Masse entsprechend der Erde. Seit ihrer Entstehung hat sie etwa ein Viertausendstel ihrer Gesamtmasse in Form von Licht abgegeben. So gewaltig die freigesetzten Energiemengen bei der Spaltung und der Fusion von Atomkernen auch sind, sie würden noch um das Hundert- bis Tausendfache übertroffen von einer Vorrichtung, die Materie und Antimaterie zerstrahlen ließe.

Die Existenz von Antimaterie sagte 1929 der britische Physiker Paul Dirac voraus. Nach seiner Theorie müßte es zu jedem Elementarteilchen ein Antiteilchen geben. Die beiden Teilchensorten sollten in einigen Eigenschaften, beispielsweise ihren Massen, identisch sein. Ihre elektrische Ladung wäre aber jeweils entgegengesetzt gleich groß. Schon zwei Jahre später kam die Bestätigung der Hypothese durch den amerikanischen Physiker Carl Anderson. Ihm gelang es erstmals, Antiteilchen des negativ geladenen Elektrons herzustellen. Man nannte die nun positiv geladenen Teilchen Positronen. 1955 entstand in einem Teilchenbeschleuniger im kalifornischen Berkeley das erste Antiproton. Heute werden in den großen Beschleunigern täglich zahllose Antiteilchen verschiedenster Art produziert. In der Natur gibt es jedoch keine Antiteilchen, und wenn sie irgendwo entstehen, so leben sie nicht lange. Denn wenn ein Antiteilchen mit dem entsprechenden Teilchen zusammentrifft, vernichten sich beide und werden zu zwei Lichtblitzen. Bei der Zerstrahlung von Materie und Antimaterie wird die Materie hundertprozentig in Energie umgesetzt. Dieser Vorgang ist also über hundertmal effizienter als die Kernfusion und tausendmal effektiver als die Kernspaltung. Gelänge es, Antimaterie in einem Beschleuniger herzustellen und die Teilchen zu speichern, so ließen sich mit ihnen Bomben von unvorstellbarer Zerstörungskraft und Reaktoren mit enormer Leistung bauen. Ein halbes Gramm Antimaterie würde zusammen mit einem halben Gramm Materie die Sprengkraft der Hiroshima-Bombe freisetzen. Und die bei der Zerstrahlung von 250 Kilogramm Antimaterie und ebensoviel Materie freiwerdende Energie entspräche dem jährlichen Weltstrombedarf. Die Art der Materie, sei es Wasser, Sand oder Luft, spielt hierbei keine Rolle.

An die Realisierung von Antimateriebomben oder -kraftwerken ist derzeit jedoch nicht zu denken. Versuche, Antiwasserstoff kontrolliert herzustellen und zu speichern, stehen erst am Anfang. Antimaterie läßt sich nicht in normalen Behältern aufbewahren, da sie sofort bei Kontakt mit den Wänden zerstrahlen würde. Denkbar ist jedoch, die empfindlichen Teilchen in Magnetfeldkäfigen einzusperren. Beim

CERN läuft ein Experiment, in dem Antiwasserstoffatome produziert und in einer Falle gespeichert werden. Mit diesem Experiment wollen die Physiker allerdings keine Reaktor- oder gar militärische Forschung betreiben, sie wollen statt dessen grundlegenden Fragen nachgehen, beispielsweise ob Antiteilchen wirklich exakt dieselbe Masse besitzen wie die entsprechenden Teilchen.

Die Äquivalenz von Energie und Materie wird täglich in großen Teilchenbeschleunigern praktiziert. In großen Anlagen wie dem LEP im CERN werden Elektronen und Positronen aufeinandergeschossen. In der Kollisionszone entstehen dann zwei Lichtblitze, deren Energie sich aus der kinetischen Bewegungsenergie der Teilchen und dem Energieinhalt mc^2 zusammensetzt. Ist diese Gesamtenergie hoch genug, bilden sich aus diesem Lichtblitz neue Teilchen. Erhöht man nun sukzessive die Geschwindigkeit und damit auch die Bewegungsenergie der Partikel, so wird auch die Energie der Lichtblitze immer größer, was zur Folge hat, daß darin immer schwerere Teilchen entstehen können. Mit diesem Verfahren arbeiten Physiker heute, um noch unbekannte Partikel zu entdecken.

Wer meint, Teilchen würden sich nur dann aus Energie materialisieren, wenn diese zuvor als Materie existiert hat, der irrt. Im Jahre 1997 gelang es einem Team amerikanischer Physiker am Stanford Linear Accelerator Center erstmals, Elektronen-Positronen-Paare in einem Laserlichtfeld zu erzeugen. Um dieses Kunststück zu vollbringen, mußten sie eine komplizierte Apparatur bauen, mit der sie in einer Querschnittsfläche des Strahls von einem dreißigstel Quadratmillimeter eine Energiedichte von 300 Milliarden Watt erzeugen konnten.

Mit trickreichen Experimenten läßt sich auch an Atomkernen die Formel $E = mc^2$ direkt bestätigen. Um das Prinzip zu verstehen, stelle man sich einen Kern wie einen mit Wasser gefüllten Ballon vor. Stößt man ihn an, so beginnt er zu wabern. In der einfachsten Form bildet er bei jeder Schwingung zwei Bäuche aus. Schwingt er schneller, entstehen vier Bäuche, bei noch schnellerer Schwingung acht Bäuche und so weiter – wie bei schwingenden Saiten.

Auch Atomkerne lassen sich zum Schwingen anregen, beispielsweise, indem man sie mit elektromagnetischen Wellen bestimmter Frequenz bestrahlt. Der Kern verschluckt dann sozusagen einen Teil der anregenden Strahlung und schwingt nun seinerseits schneller. Je schneller der Kern pulsiert, desto mehr innere Energie besitzt er. Nach der Formel $E = mc^2$ müßte dann aber auch ein schnell schwingender Kern etwas schwerer sein als ein langsamer. (Man stelle sich vor, unser Ballon würde schwerer und leichter werden, je nachdem wie wir ihn zum Wabern bringen.)

Bei der Gesellschaft für Schwerionenforschung in Darmstadt ließ sich dieser Effekt 1996 nachweisen. Dort wurden in einem Ringbeschleuniger Kerne schwerer Atome beschleunigt. Eine spezielle Meßanordnung ermöglichte es, die Umlaufdauer der Kerne in diesem Ring zu messen und daraus die Kernmasse zu berechnen. Auf diese Weise konnten die Physiker die Massendifferenz zweier unterschiedlich schwingender Kerne des Elements Mangan bestimmen. Der Unterschied betrug lediglich fünf millionstel der Kernmasse und entsprach genau der Einsteinschen Vorhersage.

Die Allgemeine Relativitätstheorie

Die Spezielle Relativitätstheorie fand in Physikerkreisen unterschiedliche Aufnahme. Während einige Weitsichtige wie Max Planck oder Arnold Sommerfeld die gesamte Tragweite der »neuen Physik« sofort erkannten, sahen andere in ihr zunächst nur eine Erweiterung der Newtonschen Physik. Wieder andere lehnten sie gänzlich ab. Tatsache ist jedenfalls, daß Einstein durchaus nicht von den Universitäten begehrt wurde. Bis zum Jahre 1909 mußte der geniale Denker noch auf dem Berner Patentamt ausharren, bis er endlich die lang ersehnte akademische Anstellung erhielt. Im Jahre 1908 gelang ihm die Habilitation an der Universität Bern, wo er anschließend als Privatdozent wirkte. Die erste feste Stelle erwartete ihn ein Jahr später an der Universität Zürich. Es folgten noch zwei Wechsel an die Universität Prag und die ETH Zürich, bis 1914 seine frühen Wanderjahre ein Ende fanden: Auf Betreiben vornehmlich Max Plancks wurde Einstein zum Mitglied der Preußischen Akademie der Wissenschaften in Berlin gewählt. Fortan konnte er sich ganz der Forschung widmen. Seinem Freund Jakob Laub schrieb er damals: »Ostern gehe ich nämlich nach Berlin als Akademiemensch ohne irgendeine Verpflichtung, quasi als lebendige Mumie. Ich freue mich auf diesen schwierigen Beruf!«

Das Äquivalenzprinzip

Als Einstein 1914 in die damalige Reichshauptstadt umzog, hatte er schon einen großen Teil auf dem Wege zurückgelegt, der ihn schließlich auf den Gipfel des Ruhmes führte. Er war auf der Suche nach einer neuen Theorie der Schwerkraft. Auslöser waren erneut Unzulänglichkeiten im damaligen Theoriengebäude. Einstein störten insbesondere zwei Punkte: Zum einen die Tatsache, daß seine Relativitätstheorie lediglich für gleichförmig bewegte Systeme galt, und zum anderen, daß sich Newtons Auffassung von der Schwerkraft zwischen zwei Massen so gänzlich von Maxwells Vorstellung des elektromagnetischen Feldes zwischen zwei elektrisch geladenen Teilchen unterschied. Einstein liebte Einfachheit und Symmetrie im Weltgebäude. An beidem mangelte es noch. Es ist faszinierend zu sehen, wie es dem großen Denker gelang, auf der Basis eines sehr einfach erscheinenden Gedankenexperiments diese unabhängig voneinander erscheinenden Probleme gemeinsam im Rahmen einer neuen Gravitationstheorie zu lösen. Erneut sollten sich Raum und Zeit als die strukturgebenden Elemente in der Natur herausstellen.

In der Speziellen Relativitätstheorie hatte Einstein deutlich gemacht, daß man grundsätzlich nicht zwischen ruhenden und gleichförmig bewegten Systemen unterscheiden kann. Nun ist eine gleichförmige Bewegung ein Spezialfall in der Natur. Aus Erfahrung wissen wir, daß in beschleunigten Systemen Trägheitskräfte auftreten, an denen wir den Bewegungszustand erkennen können. Sitzen wir in einem Auto, das schnell beschleunigt, werden wir in die Sitze gepreßt, bremst es stark ab, hindern uns die Gurte daran, mit dem Kopf an die Windschutzscheibe zu stoßen. Während sich eine gleichförmige Bewegung nicht bemerkbar macht, scheinen Beschleunigungen wegen der auftretenden Trägheitskräfte etwas Absolutes zu besitzen.

Für Einstein dokumentierte sich darin eine Unvollständigkeit der damaligen Physik. In dem zusammen mit Leopold Infeld verfaßten Buch ›Evolution der Physik‹ schrieb er: »Den Kernpunkt des Problems bildet der Umstand, daß die Naturgesetze nur für eine Sonderklasse von Systemen, nämlich die Inertialsysteme, gelten sollen. Es läßt sich nur dann lösen, wenn es uns gelingt, physikalische Gesetze aufzustellen, die für alle Systeme gelten, und zwar nicht nur für die gleichförmig, sondern auch für die beliebig gegeneinander bewegten. Können wir aber wirklich eine für alle Systeme geltende relativistische Physik ausarbeiten, eine Physik, in der kein Raum mehr ist für absolute Bewegung, in der es nur noch relative Bewegung gibt?«

Neben der Idee einer Verallgemeinerung der Speziellen Relativitätstheorie plagte ihn ein zweites Problem. Den beiden fundamentalen Theorien von Newton und Maxwell lagen zwei unterschiedliche Konzepte zugrunde. Newton dachte sich die Schwerkraft als instantan wirkende Kraft – das heißt, sie überbrückt den zwischen den Körpern liegenden Raum ohne Zeitverlust. Auf welche Weise diese Fernwirkung zustande kommen sollte, war unklar. Überdies widersprach sie Einsteins neuer Erkenntnis, wonach sich kein Körper und keine Information schneller als mit Lichtgeschwindigkeit bewegen kann. Maxwell hingegen hatte nicht diese Vorstellung. Er dachte sich den Raum zwischen elektrisch geladenen Körpern mit Feldlinien durchsetzt. Bewegte sich ein elektrisch geladener Körper, so war dessen elektromagnetische Wirkung nicht unmittelbar an jedem Ort des Raumes spürbar, sondern sie breitete sich von ihm ausgehend in Form eines elektromagnetischen Feldes mit Lichtgeschwindigkeit aus. Dieser prinzipielle Unterschied zwischen Newtons Fernwirkungstheorie und Maxwells Feldtheorie war ein halbes Jahrhundert lang den Physikern ein Rätsel geblieben.

Wie Einstein später selbst einmal sagte, hatte er das Gefühl, »daß eine vernünftige Gravitationstheorie nur von einer Erweiterung des Relativitätsprinzips zu erwarten war«. Und dann kam ihm an einem Tag Ende Oktober, Anfang November im Jahre 1907 der entscheidende Gedanke. Später erinnerte sich Einstein an diesen Tag so: »Ich saß auf meinem Stuhl im Patentamt in Bern. Plötzlich hatte ich einen Einfall: Wenn sich eine Person im freien Fall befindet, wird sie ihr eigenes Gewicht nicht spüren. Ich war verblüfft. Dieses einfache Gedankenexperiment machte auf mich einen tiefen Eindruck. Es führte mich zu einer Theorie der Gravitation.«

Nun war das Gedankenexperiment nicht neu, aber es bedurfte eines kritischen Geistes, um dessen gesamte Tragweite zu erkennen. Dies wird leichter verständlich, wenn man das Gedankenexperiment etwas abändert. Angenommen, ein Physiker steht in einem völlig geschlossenen Kasten und hält einen Stein in der Hand. Läßt er ihn los und fällt er zu Boden, gibt es hierfür zwei Erklärungsmöglichkeiten. Der Kasten könnte auf der Erdoberfläche stehen, so daß der Stein aufgrund der Schwerkraft fällt. Der Physiker könnte sich aber genausogut in einem Raumschiff befinden und entgegen der Fallrichtung des Steines konstant beschleunigt werden. Für den Forscher gäbe es keine Möglichkeit, zwischen diesen beiden Möglichkeiten zu unterscheiden, solange er nicht nach draußen schauen kann.

Dieses Gedankenexperiment zeigte Einstein eine tiefe Wesensverwandtschaft zwischen einer beschleunigten Bewegung und der Schwerkraft auf. Es barg den »Schlüssel für ein tieferes Verständnis der Trägheit und Gravitation«. Schon Newton war dies im Grunde bekannt. Das Gravitationsfeld verleiht der Materie eine *schwere* Masse, sie läßt sich beispielsweise mit einer Federwaage bestimmen. Andererseits besitzt ein Körper auch eine *träge* Masse, mit der er sich Beschleunigungen widersetzt. Schwere und träge Masse waren gleich groß, wie Experimente mit steigender Präzision immer wieder bestätigten. Eine physikalische Erklärung hierfür hatte man indes nicht. Einstein postulierte nun einfach deren Identität oder Äquivalenz.

Dieses Äquivalenzprinzip, wie er es nannte, hatte demnach zur Folge, daß die Gravitation unter bestimmten Bedingungen verschwinden konnte. Hierzu denke man sich einen Mann in einem Fahrstuhl. Reißt plötzlich die Leine, fällt die Kabine nach unten, und alles im Innern fällt zusammen mit dem Mann gleich schnell. Das heißt, der Mann wird sich nun schwerelos in der Kabine bewegen können. Heute nutzt man diesen Effekt beispielsweise zur Ausbildung von Astronauten, indem man mit einem Flugzeug in eine große Höhe aufsteigt und sich von dort in einen ungebremsten Fall begibt. So läßt sich für einige zehn Sekunden Schwerelosigkeit herstellen.

Einstein sah auch eine Ähnlichkeit zwischen Gravitation und einem Magnetfeld. Ein Magnetfeld tritt dann auf, wenn sich elektrisch geladene Teilchen relativ zu uns bewegen, wie dies beispielsweise in der Spule eines Elektromagneten geschieht. Begeben wir uns aber in ein System, das sich mit der Ladung mitbewegt, verschwindet das Magnetfeld.

Entscheidend war aber, daß das Äquivalenzprinzip eine Verbindung zwischen einer beschleunigten Bewegung und einem Gravitationsfeld herstellt. Damit war der Ausgangspunkt für die Suche nach einer mathematisch formulierbaren, neuen Gravitationstheorie festgelegt. Bevor Einstein das Ziel erreichte, konnte er bereits allein aus der konsequenten Anwendung des Äquivalenzprinzips einige äußerst überraschende Phänomene ableiten. So vergeht die Zeit um so langsamer, je stärker die Gravitation ist.

Um dies zu verstehen, stelle man sich eine Uhr vor, die pro Sekunde einen kurzen Lichtblitz aussendet. Bewegt sich diese Uhr in einem Raumschiff beschleunigt von uns fort, so kommen die Lichtpulse in immer langsamerer Folge bei uns an, weil sich die Uhr zwischen zwei Pulsen mit wachsender Geschwindigkeit von uns entfernt und die Lichtblitze bis zu uns immer mehr Zeit benötigen. Uns erscheint es also so, als würde die Zeit in dem beschleunigten Raumschiff immer langsamer vergehen. Da nach dem Äquivalenzprinzip die physikalischen Vorgänge in einem beschleunigten Raumschiff genauso ablaufen wie unter dem Einfluß der Gravitation, muß eine Uhr, die der Schwerkraft ausgesetzt ist, langsamer gehen als dieselbe Uhr in Schwerelosigkeit. Dies hat, wie schon in der Speziellen Relativitätstheorie, nichts mit einer denkbaren Beeinflussung der Uhrenmechanik zu tun, sondern ist eine Eigenschaft der Zeit an sich.

Aus diesem Gedankenexperiment läßt sich noch ein weiteres Phänomen ableiten: die Gravitationsrotverschiebung elektromagnetischer Wellen. Hierfür stellen wir uns das Licht als Folge von Wellenbergen und Wellentälern vor, wobei die Anzahl der bei uns pro Sekunde ankommenden Berge die Frequenz bestimmt. Diese Wellenfolge kann man mit dem im letzten Absatz beschriebenen Ticken der Lichtuhr vergleichen, was bedeutet, daß die Schwerkraft die Frequenz von Licht verringert beziehungsweise dessen Wellenlänge, also den Abstand zwischen zwei Wellenbergen, vergrößert. Dies äußert sich in einer Farbänderung, denn die Wellenlänge entscheidet über die Farbe des Lichts. Bei den Regenbogenfarben nimmt die Wellenlänge in der Folge violett, blau, grün, gelb und rot zu. Das heißt, die Schwerkraft verändert die Farbe eines Körpers, sie läßt ihn röter erscheinen.

Das Licht spielte demnach, wie schon in der Speziellen Relativitätstheorie, bei der Entwicklung der neuen Gravitationstheorie eine entscheidende Rolle. Noch ein weiterer überraschender Effekt ließ sich aus dem Äquivalenzprinzip herleiten: Ein Lichtstrahl müßte von der Schwerkraft von seiner geradlinigen Bahn abgelenkt werden. Warum?

Denken wir uns ein Raumschiff in Schwerelosigkeit und in dem Raumschiff eine Kabine. An einer Wand im Innern befinde sich ein Laser, der einen Lichtstrahl genau parallel zum Boden auf die gegenüberliegende Wand schickt. Solange sich das Raumschiff mit gleichbleibender Geschwindigkeit bewegt, wird der Laserstrahl weiter parallel zum Fußboden verlaufen. Nun wird die Kapsel beschleunigt. Was passiert mit dem Laserstrahl? Da sich die Kabine zwischen dem Aussenden des Lichts und dem Eintreffen auf der gegenüberliegenden Wand beschleunigt weiterbewegt hat, wird der Laserstrahl etwas unterhalb des bisherigen Ortes auf die Wand treffen. Ein

Beobachter stellt also fest, daß der Lichtstrahl gekrümmt ist. Bei einer genaueren Betrachtung erkennt man in der Krümmungsform eine Parabel. Die Krümmung ist also eine Folge der beschleunigten Bewegung. Nach dem Äquivalenzprinzip ist diese aber von der Wirkung der Schwerkraft nicht unterscheidbar. Also, so folgerte Einstein, wird ein Lichtstrahl von Materie abgelenkt.

Auf der Erde wäre dieses Phänomen für einen Nachweis zu klein, die Sonne aber könnte einen meßbaren Effekt bringen. Um ihn zu sehen, müßte ein Astronom die Positionen einer Reihe von Sternen am Himmel messen. Befindet sich nun die Sonne in diesem Himmelsgebiet, so müßten sich laut Einstein die Positionen derjenigen Sterne, die nahe am Sonnenrand stehen, leicht verändern, da ihr Lichtweg um die Sonne herum gekrümmt wird. Nachweisen ließe sich dies nur bei einer totalen Sonnenfinsternis, während der die Sterne in der Sonnenumgebung sichtbar werden. Einstein war begeistert von dieser Idee und hoffte, seine Theorie experimentell bestätigen zu können. In der 1911 erschienenen Arbeit schrieb er: »Es wäre dringend zu wünschen, daß sich Astronomen der hier aufgerollten Frage annähmen, auch wenn die im vorigen gegebenen Überlegungen ungenügend fundiert oder gar abenteuerlich erscheinen sollten.« Konkreter versuchte er, Erwin Freundlich, einen Assistenten an der Königlichen Preußischen Sternwarte in Berlin, zu einer solchen Beobachtung zu überreden. Es sollten jedoch noch acht Jahre bis zu diesem aufregenden Ereignis vergehen, das den kühnen Denker über Nacht weltberühmt machte.

Einstein hatte also allein unter Annahme des Äquivalenzprinzips drei erstaunliche Phänomene hergeleitet: Die Zeit vergeht um so langsamer, je stärker die Gravitation ist, Licht wird unter dem Einfluß der Schwerkraft rötlicher und von seiner geradlinigen Bewegung abgelenkt. Die Vorstellung eines gebogenen Lichtstrahls barg indes ein Problem. Angenommen, der Strahl besitzt eine bestimmte Dicke. Dann legt der Teil am Innenrand der Krümmung einen kürzeren Weg zurück als der äußere Teil. Man kennt dieses einfache Phänomen beispielsweise aus der Leichtathletik: Bei einem 400-Meter-Lauf starten die Läufer der Außenbahn etwas weiter vorne als ihre Konkurrenten auf der kürzeren Innenbahn. Kommt also das Licht gleichzeitig bei einem Beobachter an, so muß es sich auf der Innenbahn mit geringerer Geschwindigkeit ausgebreitet haben als auf der Außenbahn. Widersprach dies nicht dem Postulat der Speziellen Relativitätstheorie, wonach die Lichtgeschwindigkeit in allen Systemen stets gleich groß ist? Dieser scheinbare Widerspruch löste sich erst vier Jahre später auf, als Einstein seine Allgemeine Relativitätstheorie vollendet hatte. Bis dahin war es für ihn ein langer, steiniger Weg, auf dem er sich in fortwährend kompliziertere mathematische Probleme verstieg. Immer verbissener verfolgte Einstein seine neue Theorie der Gravitation. 1912 hatte ihn die Professorenschaft an die ETH Zürich geholt und erwartete, daß er sie bei den anstehenden Problemen der Atomphysik unterstützen würde. 1912 schrieb ihm Arnold Sommerfeld: »Man erhofft die Lösung des Quantenrätsels von Ihnen.« Doch Einstein lehnte ab: »Ich versichere Ihnen, daß ich in der Quantensache nichts Neues zu sagen weiß, was Interesse beanspruchen darf.« Sommerfeld verkündete daher seinem Kollegen David Hilbert in Göttingen resigniert: »Einstein steckt offenbar so tief in der Gravitation, daß er für alles andere taub ist.« Ein Gedankenexperiment spielte im weiteren Fortgang eine zentrale Rolle. Klassisch berechnet sich der Umfang eines Kreises aus dem Produkt des Kreisdurchmessers D mit der Zahl π. Wenn sich eine Scheibe schnell dreht, so tritt nach der Speziellen Relativitätstheorie in Bewegungsrichtung die Längenkontraktion auf, entlang des Radius, also senkrecht zur Drehbewegung, hingegen nicht. Damit berechnet sich der Umfang nicht nach $D \cdot \pi$. Hierzu denke man sich einen Maßstab, mit dem man

Radius und Rand der Scheibe ausmißt. Dreht sich die Scheibe, so erscheint der Maßstab von einem ruhenden System aus betrachtet verkürzt. Man muss also den Maßstab öfter hintereinander anlegen, um den Umfang abzumessen, als in einer ruhenden Scheibe: Der Radius ist größer als D · π. Dieses Paradoxon löst sich erst auf, wenn man gekrümmte Räume betrachtet, in denen nicht die ebene, euklidische Geometrie gilt.

Der Zufall wollte es, daß sich Einsteins einstiger Studienkollege Marcel Grossmann, der inzwischen Professor an der ETH Zürich geworden war, mit Geometrie beschäftigte. Ihm schrieb Einstein: »Grossmann, du mußt mir helfen, sonst werd' ich verrückt. Bitte gehe in die Bibliothek und schau, ob es eine Lösung [für das Radius-Umfang-Problem] gibt.« Grossmann wußte eine Lösung. Es gab Geometrien, in denen sich der Umfang eines Kreises nicht nach 2πR errechnet. Eine Reihe der brillantesten Mathematiker hatte sich etwa ein halbes Jahrhundert zuvor mit der Aufstellung solcher sogenannter nichteuklidischer Geometrien beschäftigt. Sie waren die Lösung für Einsteins Problem, und sie führten ihn zu dem Konzept des vierdimensionalen gekrümmten Raum-Zeit-Kontinuums. Die Idee war: Nicht der Lichtstrahl krümmt sich im statischen Raum, sondern der Raum ist gekrümmt, und der Lichtstrahl muß dieser Biegung folgen.

Von gekrümmten Räumen

Einen gekrümmten Raum kann man sich nicht vorstellen, hört und liest man im Zusammenhang mit der Relativitätstheorie immer wieder. Dabei stellt sich natürlich zunächst die Frage: Kann man sich den Raum überhaupt vorstellen? Ohne auf die lange Geschichte dieses Begriffs seit der Antike einzugehen, sei hier nur kurz angedeutet, wie er sich umschreiben läßt. Der Raum zeigt sich in der Anordnung von Dingen und in deren Abständen oder gegenseitigen Bewegungen. Wichtig ist, daß

sich diese Abstände irgendwie messen lassen, sei es mit Maß-
stäben oder mit Licht. Hierfür benötigt man eine Geometrie.
Die auf unsere Erlebniswelt anwendbare Geometrie entwickelte bereits um 320 vor Christus der Mathematiker Euklid in Alexandria. Seine geometrischen Lehrsätze, die er in
seinem Buch ›Die Elemente‹ zusammenfaßte, bilden jene
Grundregeln, die wir noch heute in der Schule lernen und welche die Landvermesser anwenden.

In Euklids Werk finden wir elementare Lehrsätze, beispielsweise, daß die Winkelsumme in einem Dreieck 180 Grad
beträgt. Eher versteckt findet sich in dem Buch auch ein Satz,
der zwei Jahrtausende später ganze Heerscharen von Mathe-
matikern zur Verzweiflung bringen sollte: das Parallelenpostulat. Es besagt folgendes: Zeichnet man auf ein Blatt Papier
eine Gerade, so gibt es durch einen beliebigen Punkt neben ihr
genau eine andere Gerade, die zu der ersten parallel verläuft –
nicht mehr und nicht weniger. Euklid konnte diese Aussage
nicht beweisen oder aus anderen grundlegenderen Prinzipien
herleiten. Sie mußte als gegeben hingenommen werden. Mitte des 18. Jahrhunderts begannen einige Mathematiker An-
stoß an dem Parallelenpostulat zu nehmen und versuchten, es
doch zu beweisen. Es zeigte sich bald, daß Euklids Satz einem
anderen Satz äquivalent war: Wenn in einem Dreieck die Summe der Winkel 180 Grad beträgt, dann gilt das Parallelenpostulat. Ist aber die Winkelsumme wirklich immer 180 Grad?

Zu Beginn des 19. Jahrhunderts, nachdem sich bereits unzählige Mathematiker an dem Beweis des Parallelensatzes die
Zähne ausgebissen hatten, wollten einige von ihnen nun umgekehrt vorgehen. Sie fragten sich, ob sich eine Geometrie er-
finden ließe, in der das Parallelenpostulat nicht gilt, und in der
die Winkelsumme im Dreieck größer oder kleiner als 180
Grad ist. Das wäre dann eine nicht-euklidische Geometrie.

Einen ersten Erfolg konnte der »Mathematikerfürst« Carl
Friedrich Gauß verbuchen. Er beschäftigte sich in den Jahren

nach 1810 mit der Geometrie auf gekrümmten Oberflächen. Hierbei erkannte er bereits die Möglichkeit, daß man eine nicht-euklidische Geometrie konstruieren kann, veröffentlichte seine Ergebnisse jedoch nicht.

Anders der Ungar Johann Bolyai. Schon sein Vater Wolfgang war an dem Parallelenpostulat gescheitert. Er flehte den Sohn an: »Du darfst die Parallelen auf diesem Wege nicht versuchen; ich kenne diesen Weg bis an sein Ende – auch ich habe diese bodenlose Nacht durchmessen, jedes Licht, jede Freude meines Lebens ist in ihr ausgelöscht worden –, ich beschwöre Dich bei Gott, laß die Lehre von den Parallelen in Frieden!« Doch der Sohn ging den schwierigen Weg – und gelangte nach Jahren ans Ziel. Im Jahre 1832 veröffentlichte er seine nicht-euklidische Geometrie. Unabhängig von ihm und ohne Kenntnis von Bolyai hatte der in Nischni-Nowgorod geborene Nikolai Iwanowitsch Lobatschewski bereits sechs Jahre zuvor eine ähnliche Arbeit mit demselben Thema herausgebracht.

Bolyai und Lobatschewski war es gelungen, eine neue, in sich geschlossene und widerspruchsfreie Geometrie zu schaffen, in der die Sätze des Euklid nicht mehr galten. So konnte die Winkelsumme in einem Dreieck kleiner oder größer als 180 Grad sein, und je nach Geometrie konnten durch einen Punkt neben einer Geraden beliebig viele weitere Parallelen laufen oder auch gar keine.

Zunächst jedoch blieben die beiden Arbeiten unbeachtet. Sie waren schwer verständlich, waren in unbedeutenden Journalen erschienen, und überdies schien es keinen Bedarf für diese abstrakte Mathematik zu geben. Erst Jahrzehnte später wurden Kollegen auf diese Entwicklung aufmerksam und veranschaulichten einige der Geometrien mit plastischen Modellen. Hier wurde es auch nötig, den Begriff der Gerade allgemeiner zu fassen. In der Ebene oder im euklidischen Raum ist die Gerade die kürzeste Verbindung zwischen zwei Punkten.

Auch in anderen Geometrien gibt es eine kürzeste Verbindung zwischen zwei Punkten. Man nennt sie »geodätische Linie« oder einfach »Geodäte«. Eine Form der nicht-euklidischen Geometrie ist zum Beispiel die sphärische Geometrie auf der Oberfläche einer Kugel. Auf ihr entsprechen die Geodäten den Längengraden, wie wir sie von der Erde her kennen. Auf einer Kugel gibt es zu einer geodätischen Linie keine Parallele, da sich alle Großkreise in den Polen schneiden. Und die Winkelsumme im Dreieck ist größer als 180 Grad. Ein Dreieck auf der Erdoberfläche, das beispielsweise von dem 0. und 90. Längengrad sowie dem Äquator aufgespannt wird, besitzt drei rechte Winkel, also eine Winkelsumme von 270 Grad. Auf einer sattelförmigen Fläche, die man auch »hyperbolisch« nennt, verlaufen hingegen zu einer Geodäte durch einen einzigen Punkt neben ihr unendlich viele Parallelen, und die Winkelsumme im Dreieck ist kleiner als 180 Grad.

Am Beispiel der sphärischen Geometrie können wir uns auch sehr einfach die von Einstein bemerkte Abweichung der Radius-Umfang-Beziehung in einem Kreis veranschaulichen. Als Kugel denken wir uns die von Längen- und Breitenkreisen überzogene Erde, deren Umfang recht genau 40 000 Kilometer beträgt. Nun wählen wir als Radius einen Längengrad, der sich von einem der Pole bis zum Äquator erstreckt. Er besitzt eine Länge von 10 000 Kilometern. Der zu diesem Radius gehörende Umfang ist der Äquator mit einer Länge von 40 000 Kilometern. Bei euklidischer Geometrie, also in der Ebene, betrüge der Umfang jedoch $2\pi \cdot 10\,000$ Kilometer, also knapp 63 000 Kilometer. Ein anderes Ergebnis erhält man, wenn man sich in einem Gelände mit der Form eines Sattels befindet. Würde man hier um sich herum Punkte mit derselben Entfernung markieren und diese dann mit einem Kreis verbinden, so wäre dessen Umfang größer als $2\pi R$.

Nun funktionieren diese nicht-euklidischen Geometrien nicht nur in zwei Dimensionen, auf Flächen, sondern in beliebig vielen, also auch in drei oder vier Dimensionen. Die Mathematik bietet der Natur sozusagen verschiedene Geometrien an, und wer sagt uns eigentlich, daß diese ausgerechnet die euklidische gewählt hat? Könnte es nicht sein, daß der Raum irgendwie gekrümmt ist, wie eine Kugeloberfläche zum Beispiel, nur eben dreidimensional?

Tatsächlich stellten im Laufe der Jahre immer mehr Forscher die aufregende Frage nach der »Realgeltung« der Geometrie. Vielleicht hatte Bolyai selbst an diese Möglichkeit gedacht, als er schrieb: »Ich habe aus nichts eine neue, andere Welt geschaffen.« Der deutsche Mathematiker Bernhard Riemann gab schon 1854 zu bedenken: »Es ist also sehr wohl denkbar, daß die Maßverhältnisse des Raumes im Unendlichkleinen den Voraussetzungen der [euklidischen] Geometrie nicht gemäß sind.« Er hielt es also für möglich, daß die euklidische Geometrie zwar in unserer Erfahrungswelt realisiert ist, nicht jedoch auf der Ebene der kleinsten Teilchen. Wie könnte man überhaupt feststellen, welche Geometrie der Raum besitzt?

Eine prinzipielle Möglichkeit bestünde darin, ein »Lichtdreieck« zu erzeugen, indem man einen Lichtstrahl aussendet und diesen an zwei Spiegeln so umlenkt, daß er nach einem dreieckigen Umlauf wieder zurückkehrt. Nun mißt man die Winkelsumme in diesem Dreieck und erhält daraus die Geometrie.

Der französische Mathematiker Jules Henry Poincaré schrieb hierzu um die Jahrhundertwende: »Wir können der euklidischen Geometrie entsagen oder die Gesetze der Optik abändern und zulassen, daß das Licht sich nicht genau in gerader Linie fortpflanzt. Es ist unnütz hinzuzufügen, daß jedermann diese letzte Lösung als die vorteilhaftere ansehen würde.« Nicht jedermann. Einstein entsagte der alten Geometrie und sah das Problem so: »Die Frage, ob die praktische Geometrie der Welt euklidisch sei oder nicht, hat einen deutlichen Sinn, und ihre Beantwortung kann nur durch die Erfahrung geliefert werden.«

Die Alltagserfahrung scheint uns allerdings in unserem Glauben an die euklidische Geometrie recht zu geben. Nirgends finden sich Anzeichen für eine Krümmung des Raumes. Abweichungen der Geometrie von der euklidischen lassen sich am einfachsten veranschaulichen, indem man den Raum um eine Dimension verringert und so zur Fläche macht. Die euklidische Geometrie gilt dann auf einer ebenen Fläche, die sphärische Geometrie (Winkelsumme im Dreieck größer als 180 Grad) auf einer Kugel und die hyperbolische (Winkelsumme im Dreieck kleiner als 180 Grad) auf einer sattelförmigen Oberfläche.

Faszinierend an dieser Entwicklung der Mathematik ist die Tatsache, daß sich die Frage, welche Geometrie unser Raum besitzt, plötzlich nicht mehr selbstverständlich beantworten ließ. Lediglich im Rahmen der damaligen Meßgenauigkeit konnte man sagen, der uns umgebende Raum sei euklidisch. Es wurde viel darüber spekuliert, ob Carl Friedrich Gauß bereits in den Jahren um 1820 versucht hatte, die Geometrie des Raumes experimentell zu ermitteln. Damals hatte er den Auftrag bekommen, das Königreich Hannover mit Theodoliten zu vermessen. Diese Art der Vermessung, bei der von verschiedenen Standpunkten aus bestimmte Punkte in der Landschaft anvisiert werden, basiert auf der geradlinigen Ausbreitung von Licht. Prinzipiell hätte er dabei nach Abweichungen von der euklidischen Geometrie in der Nähe der Erdoberfläche suchen können, indem er Winkelsummen in Dreiecken bestimmte. Er hat jedenfalls nie derartige Abweichungen von dem 180-Grad-Gesetz gefunden – übrigens hat die Deutsche Bundesbank Gauß und dessen Landesvermessung auf dem Zehnmarkschein dargestellt.

Einsteins gekrümmte Raum-Zeit

Als Marcel Grossmann Einstein auf Riemanns Arbeiten aufmerksam machte, war Einstein wie elektrisiert: Das war genau das, was er brauchte. Es sollten nun für ihn die drei aufregendsten und arbeitsreichsten Jahre seines Lebens beginnen. »Ich beschäftige mich jetzt ausschließlich mit dem Gravitationsproblem ... das eine ist sicher, daß ich mich im Leben noch nicht annähernd so geplagt habe und daß ich große Hochachtung für die Mathematik eingeflößt bekommen habe, die ich bis jetzt in ihren subtileren Teilen in meiner Einfalt für puren Luxus ansah.« Abgesehen von Diskussionen mit Grossmann arbeitete Einstein völlig allein an dem Problem der Schwerkraft, das die meisten Physiker nicht nur für unlösbar hielten, sondern auch für überflüssig. Hartnäckig suchte er nach neuen Lösungswegen, verwarf alte und suchte ständig neue. Sein Mentor Max Planck warnte ihn noch mit den Worten: »Als alter Freund muß ich Ihnen davon abraten, weil sie einerseits nicht durchkommen werden; und wenn Sie durchkommen, wird Ihnen niemand glauben.« Doch Einstein blieb stur. Endlich, nach Monaten »geradezu übermenschlicher Anstrengungen« wähnte er sich im Mai 1913 »nach unendlicher Mühe und quälenden Zweifeln« am Ziel. Doch wieder kam der Jubel zu früh, erneut hatte er das Ziel verfehlt. Die Arbeit ging weiter, wobei er sich einen exzessiven Lebensstil angewöhnte: »Rauchen wie ein Schlot, Arbeiten wie ein Roß, Essen ohne Überlegung und Auswahl, Spazierengehen *nur* in wirklich angenehmer Gesellschaft, also leider selten, schlafen unregelmäßig etc.«

Tagebuchaufzeichnungen belegen, daß Einstein bereits im Frühjahr 1913 die richtige Lösung gefunden hatte. Lediglich ein Rechenfehler veranlaßte ihn, das Ergebnis wieder zu verwerfen. Es sollte noch zwei Jahre dauern, bis ihm sein Irrtum bewußt wurde. Im November 1915 hatte er sein Ziel erreicht

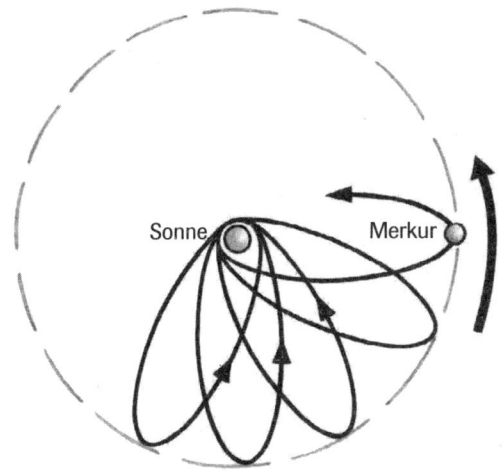

Die Umlaufbahn des innersten Planeten Merkur ist nicht geschlossen. Der sonnennächste Punkt auf der Ellipsenbahn, das Perihel, wandert langsam um die Sonne herum.

und »endlich die Allgemeine Relativitätstheorie als logisches Gebäude abgeschlossen«. Am 25. dieses Monats hielt er auf einer Plenarsitzung der Preußischen Akademie der Wissenschaften in Berlin einen Vortrag, in dem er seine endgültig ausformulierte Theorie der Gravitation vortrug.

Planck hatte Einstein davor gewarnt, daß ihm die Kollegen nicht glauben würden. Doch Einstein konnte bereits an einem astronomischen Problem zeigen, daß seine Theorie der Newtonschen überlegen war. Es ging um die sogenannte Periheldrehung der Merkurbahn.

Der innerste Planet Merkur umkreist die Sonne auf einer elliptischen Bahn. Allerdings ist diese Ellipse nicht geschlossen, sondern der sonnennächste Punkt (das Perihel) wandert um eineinhalb Grad pro Jahrhundert um unser Zentralgestirn herum. Dieses Phänomen war bereits seit etwa 1860 bekannt. Teilweise ließ es sich damit erklären, daß nicht nur die Sonne mit ihrer Schwerkraft auf Merkur einwirkt, sondern auch die anderen Planeten. Doch selbst, wenn man dies berücksichtigte, blieb immer noch ein kleiner, unerklärlicher Rest von 43 Bogensekunden (etwa 1/80 Grad) pro Jahrhundert übrig. Als Einstein die Merkurbahn mit den Gleichungen der Allgemeinen Relativitätstheorie berechnete, kam er genau auf diesen Wert. Kein Wunder, daß Einstein »einige Tage fassungslos vor Glück« war, als er entdeckte, daß seine Gravitationstheorie die Periheldrehung restlos erklären konnte.

Gravitation und Geometrie

Einsteins Theorie der Gravitation unterscheidet sich grundsätzlich von der alten Newtonschen. Der britische Physiker war davon ausgegangen, daß sich die Himmelskörper unter dem Einfluß der Schwer*kraft* bewegen. Und diese *Kraft* breitete sich ohne Zeitverlust im Universum aus. Der Raum spielte hierbei eine passive Rolle. Er war euklidisch und unveränderlich, wie eine starre Kulisse, in der die Schauspieler agieren. Auch die Zeit blieb von den Vorgängen im Universum unbeeinflußt und verlief überall mit derselben »Geschwindigkeit«. Sie gab, einem Metronom ähnlich, lediglich den Takt an, mit dem physikalische Vorgänge ablaufen.

In Einsteins Theorie gab es gar keine Schwer*kraft* mehr. Die Gravitation war ein *Feld*. Jede Materieansammlung, vom Atom bis zum Stern, krümmt den Raum um sich herum, wobei die Stärke der Krümmung mit der Masse des Körpers zunimmt und mit wachsender Entfernung von ihm abnimmt. Der Raum ist damit ein dynamisches Gebilde, das sich ständig mit den darin sich bewegenden Körpern verändert. Man kann sich dies mit einem straff gespannten Gummituch veranschaulichen. Läßt man eine Eisenkugel darauf herumlaufen, so erzeugt sie um sich herum eine Mulde, die sich mit der Kugel mitbewegt. Die Mulde entspricht der Raumkrümmung.

Es genügt jedoch nicht, nur den Raum zu betrachten. Wie schon in der Speziellen Relativitätstheorie gesehen, spielt auch die Zeit eine ganz entscheidende Rolle bei dem Ablauf physikalischer Vorgänge. Insbesondere verläuft die Zeit in der Nähe eines Planeten beispielsweise, also dort, wo der Raum stark gekrümmt ist, langsamer als fernab von ihm, wo der Raum nahezu flach ist. Raumkrümmung und Zeitdehnung sind also untrennbar miteinander verwoben. Aus diesem Grunde müssen im Rahmen der Allgemeinen Relativitätstheorie alle physikalischen Abläufe stets in einer vierdimensionalen Raum-Zeit betrachtet werden: Die Gravitation ist die gekrümmte Raum-Zeit.

Das Großartige an Einsteins Theorie ist, daß die Gravitation nicht mehr als Kraft aufgefaßt wird, die auf unerklärliche, geradezu mystische Weise zwischen den Körpern übertragen wird. Vielmehr wird die Gravitation auf die Geometrie der Raum-Zeit zurückgeführt. Einfach ausgedrückt: Materie bestimmt, wie sich die Raum-Zeit zu krümmen hat, und die Krümmung bestimmt, wie sich ein Körper in der Raum-Zeit zu bewegen hat. Allerdings fehlt uns jetzt noch eine Antwort auf die Frage, wie sich aus der Geometrie der Raum-Zeit die Bahn eines Körpers ableiten läßt. Wie können wir in dem Bild der gekrümmten Raum-Zeit erklären, daß ein Apfel vom Baum fällt?

Die Antwort ist verhältnismäßig einfach: Alle kräftefreien Körper bewegen sich auf Geodäten. Kräftefrei bedeutet, ausschließlich unter Einfluß der Gravitation, ohne zusätzliche Kräfte wie Antrieb oder auch Reibung. Eine Geodäte ist, wie wir oben beschrieben haben, die kürzeste Verbindung zwischen zwei Punkten. Dies gilt in der Ebene genauso wie auf einer Kugel oder jeder anderen, beliebig gekrümmten Fläche.

Der fallende Aufzug im Tangentialraum

Ausgangspunkt für Einsteins Allgemeine Relativitätstheorie war jenes Gedankenexperiment, wonach ein frei fallender Mensch, beispielsweise in einem Aufzug, die Gravitation nicht spürt. Im freien Fall existiert das Schwerefeld nicht. Im Bild der gekrümmten Raum-Zeit läßt sich dieses Phänomen einfach darstellen. Nach der Allgemeinen Relativitätstheorie ist die Gravitation nichts anderes als die gekrümmte Raum-Zeit. In einem fallenden Aufzug herrscht keine Gravitation, also muß die Raum-Zeit hier flach sein. Wie ist das zu verstehen? Jede gekrümmte Oberfläche läßt sich in einem bestimmten Bereich durch eine Fläche annähern. Wenn Sie die Größe Ihres Gartens ausmessen, müssen Sie schließlich auch nicht die Krümmung der Erdoberfläche mit berücksichtigen. Sie nehmen an, die Erde sei flach. Mathematiker nennen diese Näherung eine Tangentialfläche. Dies funktioniert natürlich nur bis zu einer bestimmten Größe. Wenn Sie die Fläche Europas genau bestimmen wollen, müssen Sie sehr wohl mit einbeziehen, daß die Erde eine Kugel ist. Für unseren Vergleich bedeutet dies: Im Innern eines fallenden Fahrstuhls kann man nur dann annehmen, daß die Gravitation verschwindet (der Raum eben ist), wenn der Fahrstuhl im Vergleich zu den typischen Ausmaßen der Raumkrümmung klein ist. Je stärker die Raumkrümmung ist, desto kleiner muß der Fahrstuhl sein. Genaugenommen verschwindet die Gravitation sogar nur in einem Punkt.

Gauß und Riemann hatten mathematische Methoden entwickelt, wie sich eine Geodäte auf einer gekrümmten Fläche oder in einem gekrümmten Raum berechnen läßt. Auf diese Ergebnisse griff Einstein zurück, als er seine Allgemeine Relativitätstheorie entwarf.

Der griechische Philosoph Heraklit hat bereits vor etwa 2500 Jahren die verrinnende Zeit mit einem strömenden Fluß verglichen: »Panta rhei«, »Alles fließt.« Dieses Bild trifft auf unser heutiges Raum-Zeit-Verständnis immer noch recht gut zu. Heute würden wir etwa sagen: Ein Körper bewegt sich unter dem Einfluß der Gravitation so, als würde ihn die Strömung des Raum-Zeit-Flusses mitreißen.

Licht auf krummen Wegen

Nachdem wir nun die Gravitation als gekrümmte Raum-Zeit identifiziert haben, kommen wir noch einmal auf die Frage zurück, wie sich die Krümmung tatsächlich nachweisen läßt. Einstein selbst hatte, wie gesehen, bereits vier Jahre vor der Fertigstellung der Allgemeinen Relativitätstheorie die Krümmung eines Lichtstrahls im Gravitationsfeld eines Sterns vorausgesagt. Mit großem Eifer hatte er versucht, Erwin Freundlich dazu zu bewegen, diesen Effekt durch eine astronomische Beobachtung zu bestätigen. Der Erste Weltkrieg verhinderte das Projekt, was sich im nachhinein als Glück im Unglück erwies. In seiner ersten Arbeit hatte Einstein nämlich bei der Berechnung des Ablenkungswinkels einen Fehler gemacht und einen um einen Faktor Zwei zu kleinen Wert erhalten. 1916 kam er auf die richtige Lösung, und diese sollte 1919 bestätigt werden.

Die Idee dahinter war folgende: Wenn das Licht eines fernen Sterns nahe am Sonnenrand vorbeiläuft, durchquert es ein stark gekrümmtes Raum-Zeit-Gebiet. Der Strahl muß dieser Krümmung auf seiner Geodäte folgen und weicht demzufol-

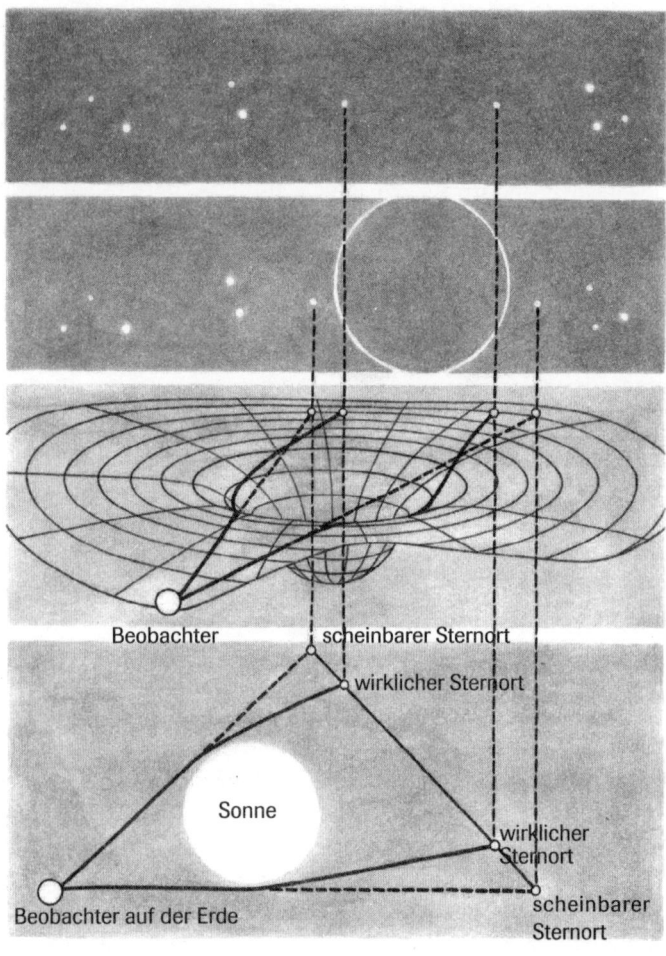

Das Gravitationsfeld läßt sich als Raummulde veranschaulichen. Sternlicht, das sich nahe am Sonnenrand vorbeibewegt, wird von der geraden Ausbreitungsrichtung abgelenkt, so daß die Sterne bei einer Sonnenfinsternis nicht mehr an ihrer ursprünglichen Position zu stehen scheinen.

ge von seinem geradlinigen Weg ab. Von der Erde aus geschen, scheint die Position des Sterns am Himmel gegenüber seiner ungestörten Position etwas verschoben, da das menschliche Auge den Lichtstrahl geradlinig zurück an den Himmel projiziert. Diese winzige Abweichung beträgt am Sonnenrand 1,75 Bogensekunden, das entspricht etwa dem tausendsten Teil der Sonnenscheibe. Diesen winzigen Effekt wollte der britische Astrophysiker Sir Arthur Eddington erstmals messen, hierfür mußte er die Positionen einer Reihe von Sternen bestimmen, die während einer totalen Sonnenfinsternis in der Umgebung unseres Tagesgestirns sichtbar werden. Diese Werte mußte er dann mit den »ungestörten« Positionen derselben Sterne am Nachthimmel vergleichen.

Im Jahre 1919 rüstete Eddington eine Expedition zur Insel Principe im Golf von Guinea und nach Sobral in Brasilien aus, wo sich am 29. März eine totale Sonnenfinsternis ereignen sollte. Obwohl das Wetter nicht gerade günstig war, gelangen die Beobachtungen. Eddington und seine Kollegen erhielten 16 Himmelsaufnahmen, von denen nur eine ausreichende Qualität besaß. Auf ihr waren einige schwache Sternchen auszumachen. Zurück in England wurden die Fotoplatten ausgemessen, und das Ergebnis war eindeutig: Die Positionen der Sterne waren etwa so weit verschoben, wie Einstein es vorausgesagt hatte. Als Eddington am 6. November 1919 vor der Royal Society und der Royal Astronomical Society sein Ergebnis vortrug, schlug die Meldung ein wie eine Bombe. Große Tageszeitungen feierten den »neuen Newton«, und sogar das britische Unterhaus befaßte sich mit dem Thema. Einstein war über Nacht eine Größe der Weltgeschichte geworden, bei dem jeder »Piepser zum Trompetensolo« wurde, wie er selbst sagte. Alpträume plagten ihn bald angesichts der wachsenden Postberge.

Eddingtons Messung war damals noch verhältnismäßig ungenau. Heute ist die Lichtablenkung im Schwerefeld der

Sonne jedoch mit unglaublicher Präzision gemessen worden – und zwar über den gesamten Himmel! Mit Radioteleskopen gelang dies zwischen 1980 und 1990 einer Gruppe amerikanischer Forscher, welche die Positionen von insgesamt 74 Radiogalaxien am Himmel vermaßen. Die Objekte waren zwischen 2,5 und 178 Grad von der Sonne entfernt, das heißt die entferntesten standen von der Erde aus gesehen am Himmel fast genau gegenüber von der Sonne. Deren Licht breitet sich wegen der verschwindend kleinen Raum-Zeit-Krümmung nahezu geradlinig aus. In der 1991 veröffentlichten Arbeit konnten die Forscher die Voraussagen der Allgemeinen Relativitätstheorie bis auf zwei Promille genau bestätigen.

Einer Gruppe französischer Astronomen gelang es 1997 auch, die Ablenkung von sichtbarem Licht im Schwerefeld der Sonne mit enormer Genauigkeit zu messen. Sie nutzten hierfür den Datensatz des europäischen Satellitenteleskops Hipparcos. Dieses Instrument hatte zu Beginn der neunziger Jahre die Positionen von rund 100 000 Sternen an der gesamten Himmelssphäre mit bislang unerreichter Genauigkeit gemessen. Auch hier war es möglich, in einem Abstandsbereich von der Sonne zwischen 47 und 133 Grad die Verschiebung der Sternpositionen im solaren Schwerefeld zu messen. Das Ergebnis war eindeutig: Im Rahmen der Meßgenauigkeit von drei Promille stimmten die Messungen mit den Voraussagen der Allgemeinen Relativitätstheorie überein.

Die Geschichte der Lichtablenkung war damit indes noch nicht vorbei, vielmehr setzt sie sich bis in die moderne Astrophysik fort und erlebt heute eine ungeahnte Renaissance. 1916 hatte Einstein spaßeshalber auch die Lichtablenkung eines Lichtstrahls im Gravitationsfeld des Planeten Jupiter berechnet. Der Wert von zwei hundertstel Bogensekunden war so klein, daß er damals weit außerhalb der Nachweismöglichkeiten lag. Einstein verfolgte dieses Phänomen daher zunächst nicht weiter, bis ihn im Jahre 1936 ein tschechischer Elektroingenieur namens Rudi Mandl besuchte und drängte, sich der Sache erneut anzunehmen. Einstein untersuchte nun die Frage, was passiert, wenn zwei Sterne von der Erde aus gesehen hintereinander stehen. Das Licht des hinteren Sterns mußte dann im Schwerefeld des Vordergrundsterns abgelenkt werden. Liegen die beiden Sterne nicht exakt auf einer Verbindungslinie mit der Erde, so sollte das Licht des hinteren Sterns so abgelenkt werden, daß dieser am Himmel als Doppel- oder Mehrfachbild erscheint. In dem seltenen Fall, daß der eine Körper genau hinter dem anderen steht, sollte das Bild des hinteren Sterns zu einem Kreis, einem sogenannten Einstein-Ring, verzerrt werden.

Als Einstein sein Manuskript über die ›linsenähnliche Wirkung eines Sterns‹ 1936 bei dem Redakteur des Wissenschaftsmagazins ›Science‹ einreichte, entschuldigte er sich in einem Begleitschreiben geradezu mit den Worten: »Ich danke Ihnen noch sehr für das Entgegenkommen bei der kleinen Publikation, die Herr Mandl aus mir herauspreßte. Sie ist wenig wert, aber dieser arme Kerl hat seine Freude davon.« Einstein war davon überzeugt, es handele sich um nichts weiter als eine akademische Spielerei. Zu unwahrscheinlich sei es, daß zwei Sterne am Himmel zufällig direkt hintereinander stehen. »Selbstverständlich gibt es keine Hoffnung, dieses Phänomen direkt zu beobachten«, meinte Einstein. Doch hier irrte der geniale Physiker.

Der in die USA ausgewanderte schweizerische Astronom Fritz Zwicky vermutete schon ein Jahr später, daß man dieses Phänomen sehen müßte, wenn nicht ein einzelner Stern als Gravitationslinse fungiert, sondern das gewaltige Gravitationsfeld einer aus Milliarden von Sternen bestehenden Galaxie. Es sollten jedoch über sechzig Jahre vergehen, bis die erste Gravitationslinse gefunden wurde. 1979 wurde ein Astronomenteam auf zwei ungewöhnlich dicht beieinanderstehende Quasare aufmerksam. Quasare sind äußerst kompakte Zen-

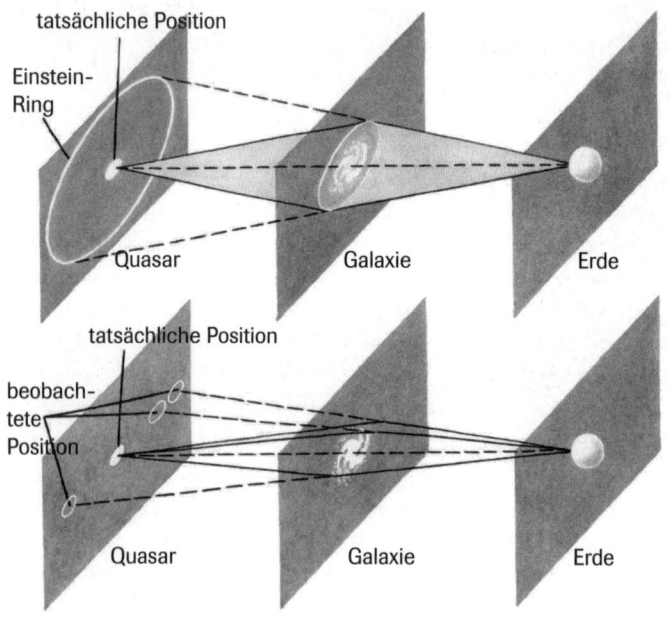

Das Gravitationsfeld einer Galaxie kann wie eine Linse wirken. Hinter ihr stehende Objekte werden dann, abhängig von der genauen Konstellation, am Himmel mehrfach oder als Ring abgebildet.

tralregionen von Galaxien, deren Leuchtkraft so hoch ist, daß sie noch über Milliarden von Lichtjahren hinweg beobachtet werden können. Weitere Beobachtungen zeigten schließlich, daß es sich tatsächlich um zwei Bilder von ein und demselben Quasar handelt. Wenig später fand man auch die Linse. Es handelt sich um eine Galaxie, die halb so weit von der Erde entfernt ist wie der Quasar. Heute kennen die Astronomen rund zwei Dutzend Fälle, bei denen bis zu vier Bilder eines Quasars sichtbar sind. In allen Fällen lenkt eine Galaxie das Licht ab.

Die leuchtenden Bögen im Galaxienhaufen Abell 2218 sind durch den Gravitationslinseneffekt verzerrte Bilder von Galaxien, die weit hinter dem Haufen stehen (Foto: NASA/ESA).

Auch Teile von Einstein-Ringen ließen sich nachweisen. Am eindrucksvollsten erscheinen sie, wenn nicht nur eine einzelne Galaxie als Gravitationslinse wirkt, sondern ein ganzer Haufen, in dem viele hundert Galaxien versammelt sein können. Ihr gemeinsames Schwerefeld verzerrt die Bilder hinter ihnen befindlicher Galaxien zu sichelförmigen Bögen. 1987 entdeckten amerikanische Astronomen erstmals solche leuchtenden Bögen, die sich als Teile von Einstein-Ringen entpuppten. Diese Art der Lichtablenkung im Schwerefeld der Sonne und der Gravitationslinseneffekt sind nur im Rahmen der Allgemeinen Relativitätstheorie erklärbar.

Heute nutzen die Astrophysiker dieses Phänomen, um die Masse von Galaxienhaufen zu bestimmen. Hierzu messen sie zunächst die Entfernung des Galaxienhaufens und der verzerrt erscheinenden Galaxien. Dann entwerfen sie im Computer ein

Massenmodell des Galaxienhaufens und berechnen die Lichtablenkung in dessen Gravitationsfeld. Nun variieren sie die Materieverteilung so lange, bis das Computermodell die beobachteten Bögen möglichst gut wiedergibt. Das Ergebnis enthält dann die gesamte Materie des Haufens und deren räumliche Verteilung. Solche Untersuchungen laufen verstärkt seit Mitte der neunziger Jahre. Sie haben gezeigt, daß sich in Galaxienhaufen bis zu zehnmal mehr Materie versteckt, als man auf den Aufnahmen erkennt. Worum es sich bei dieser sogenannten Dunklen Materie handelt, ist bis heute unklar.

Zeitdilatation und gravitative Rotverschiebung auf dem Prüfstand

Selbstverständlich enthielt die Allgemeine Relativitätstheorie in ihrer endgültigen Formulierung auch jene Erkenntnisse, die Einstein allein aus dem Äquivalenzprinzip abgeleitet hatte: Die Zeitdehnung und die Rotverschiebung von Licht im Gravitationsfeld. Beide Effekte ließen sich mit hoher Genauigkeit experimentell nachweisen.

Problematisch an jeder experimentellen Bestätigung der Allgemeinen Relativitätstheorie ist die Winzigkeit ihrer Effekte, sprich der Abweichungen von der Newtonschen Gravitationstheorie. Einstein hatte ja herausgefunden, daß die Zeit in einem starken Schwerefeld langsamer vergeht als in einem schwachen. Man kann ausrechnen, daß ein Mensch, der achtzig Jahre lang in der obersten Etage des Empire State Buildings wohnt, am Ende seines Lebens um knapp eine zehntausendstel Sekunde älter ist als sein Zwillingsbruder, der dieselbe Zeit im Erdgeschoß gewohnt hat – rein physikalisch jedenfalls.

In den siebziger Jahren gelang es zwei italienischen Physikern, die gravitative Zeitdehnung direkt zu messen. Hierfür verglichen sie den Gang zweier zuvor synchronisierter Cäsium-Atomuhren. Die eine befand sich in ihrem Institut in Turin (250 Meter ü. M.), die andere installierten sie in einer Forschungsstation auf dem Monte-Rosa-Plateau (3500 Meter ü. M.). Nach einer Meßdauer von knapp zehn Wochen verglichen sie die beiden Uhren und stellten fest, daß die Turiner Uhr um 55 millionstel Sekunden langsamer gelaufen war als die Uhr auf dem Berg. Dies entsprach im Rahmen der Meßgenauigkeit von etwa zehn Prozent dem von der Allgemeinen Relativitätstheorie vorhergesagten Wert. Noch einmal: Die Zeitdehnung in einem Schwerefeld läßt sich nicht auf mechanische Einflüsse auf die Uhr, wie Verbiegungen oder ähnliches, zurückführen. Sie ist eine Eigenschaft der Zeit an sich.

Die Rotverschiebung eines Lichtstrahls im Gravitationsfeld ließ sich erstmals in den sechziger Jahren messen. Im Keller eines 22 Meter hohen Turmes hatten zwei amerikanische Physiker ein radioaktives Eisenpräparat installiert, das Gammastrahlung mit einer bestimmten Wellenlänge aussandte. An der Spitze des Turmes brachten sie eine Zählapparatur an. Mit großem experimentellen Geschick gelang es den Forschern hiermit, die winzige gravitative Rotverschiebung der ausgesandten Gammastrahlung zu messen. Sie betrug den millionsten Teil eines Milliardstels der Gammawellenlänge. Der Wert stimmte im Rahmen der Meßgenauigkeit von einem Prozent mit der Voraussage der Allgemeinen Relativitätstheorie überein.

Diese Beispiele zeigen, daß die Unterschiede der Allgemeinen Relativitätstheorie zur Newtonschen Theorie zwar meßbar, aber nicht spürbar sind. Die Ursache hierfür ist die geringe Krümmung der Raum-Zeit auf der Erde und auch im übrigen Planetensystem. Das ist sicher auch der Hauptgrund, weshalb die Wissenschaftler so lange an dem Konzept des absoluten, euklidischen Raumes festhielten. (Interessant ist allerdings, daß es schon zu Newtons Zeiten bedeutende Kritiker dieses Konzeptes gab.) Das bedeutet jedoch nicht, daß es sich bei der Allgemeinen Relativitätstheorie lediglich um eine Verschönerung oder Nachbesserung der Newtonschen Theorie handeln würde. Zum einen ist es natürlich kein Zufall, daß Einsteins und Newtons Theorie bei schwachen Gravitationsfeldern nahezu identische Ergebnisse liefern. So hatte Einstein seine Theorie gerade angelegt: Sie sollte sich bei schwachen Feldern immer mehr der Newtonschen annähern. So, wie die Newtonsche Mechanik bei gleichförmiger Bewegung für kleine Geschwindigkeiten ein Spezialfall der Speziellen Relativitätstheorie ist, ist die Newtonsche Schwerkrafttheorie ein Spezialfall der Allgemeinen Relativitätstheorie für schwache Felder. Nein, die Allgemeine Relativitätstheorie erklärte die Schwer*kraft* erstmals als Raum-Zeit-Feld. Einstein hatte damit für die Gravitation eine Vorstellung geliefert, die derjenigen Maxwells von den elektromagnetischen Feldern ganz analog war. Die gesamte Physik hatte dadurch eine einheitlichere Darstellung erhalten. Darüber hinaus leitete die Allgemeine Relativitätstheorie eine Revolution in unserem Weltbild ein: Sie ist die theoretische Grundlage der Urknalltheorie.

Die Geburt des Universums aus einem Uratom

Die Formeln der Allgemeinen Relativitätstheorie stellen zunächst einmal nur einen Zusammenhang zwischen der Materie und der Raumkrümmung her. Man nennt diese Formeln auch Feldgleichungen. Will man jedoch konkret ausrechnen, wie sich beispielsweise ein Planet um die Sonne bewegt oder ein Apfel vom Baum fällt, muß man die Feldgleichungen unter den gegebenen physikalischen Randbedingungen lösen. Dies kann sich in manchen Fällen als mathematisch äußerst kompliziert erweisen. Ein Beispiel ist das einen Stern umgebende Gravitationsfeld. Für den einfachsten Fall eines absolut kugelförmigen, nicht rotierenden Sterns fand der deutsche

Astronom Karl Schwarzschild bereits 1916 die Lösung. Allein die Rotation eines Sterns verkompliziert das Problem so sehr, daß es sich erst 1963 bewältigen ließ. Die Lösung fand der neuseeländische Mathematiker Roy Kerr.

Es war klar, daß die Allgemeine Relativitätstheorie auch das gesamte Universum beschreiben müsse. Elektrische Kräfte spielen darin keine Rolle, da alle Himmelskörper elektrisch neutral sind und somit die Gravitation die Entwicklung des Weltalls bestimmt. Einige Jahre nach der Veröffentlichung von Einsteins Theorie begannen sich Mathematiker mit Lösungen der Feldgleichungen zu befassen, die das gesamte Universum beschreiben. Um die Rechnungen zu vereinfachen, nahmen die Theoretiker an, die Materie sei nicht in vereinzelten Sternen und Galaxien konzentriert, sondern gleichmäßig wie ein Gas im Weltall verteilt. Diese Vereinfachung wird noch heute vorgenommen. Sie ändert nichts Grundsätzliches an den Lösungen.

Auch Einstein selbst hatte eine Lösung für das Universum gefunden. Sie stellte es als statisches, also in seiner Ausdehnung und Krümmung unveränderliches Raum-Zeit-Kontinuum dar – eine Lösung, die den damaligen Vorstellungen entsprach. Zwar war es klar, daß innerhalb des Weltalls Veränderungen auftreten, aber daß das Universum als Ganzes eine Evolution besitzt, daran glaubte niemand.

Bis zum Jahre 1922 jedenfalls. Da nämlich veröffentlichte ein junger, bis dahin unbekannter Mathematiker namens Alexander Friedman aus Leningrad in der ›Zeitschrift für Physik‹ eine Arbeit, in der er sich rein mathematisch mit den Feldgleichungen für das Universum auseinandersetzte. Als Spezialfall erhielt er die Einsteinsche Lösung eines statischen Universums. Eine große Schar von Lösungen führte jedoch zu Universen, die sich ausdehnten oder zusammenzogen. Sogar eine Welt, die periodisch Expansions- und Kontraktionszyklen durchlief, schien möglich zu sein.

Einstein reagierte auf Friedmans Arbeit zweimal. Am 18. September schrieb er in der ›Zeitschrift für Physik‹: »Die in der zitierten Arbeit enthaltenen Resultate bezüglich einer nichtstationären Welt erschienen mir verdächtig. In der Tat zeigt sich, daß jene gegebene Lösung mit den Feldgleichungen nicht verträglich ist.« Kurzum: Einstein unterstellte Friedman einen Rechenfehler. Ein halbes Jahr später, am 31. Mai 1923, schrieb Einstein erneut auf Anregung eines Kollegen: »Ich habe in einer früheren Notiz an der genannten Arbeit Kritik geübt. Mein Einwand beruhte aber ... auf einem Rechenfehler. Ich halte Herrn Friedmans Resultate für richtig und aufklärend. Es zeigt sich, daß die Feldgleichungen neben den statischen auch dynamische ... Lösungen für die Raumstruktur zulassen.«

Noch später zeigte sich gar, daß die statischen Lösungen Einsteins gar nicht statisch waren. Über einen genügend langen Zeitraum hinweg muß sich das Universum ausdehnen oder zusammenziehen. Dieser Disput zwischen Einstein und Friedman hatte zunächst jedoch keine Konsequenzen. Ebenfalls unbeachtet blieben Arbeiten eines belgischen Priesters und Mathematikers mit Namen Georges Lemaître. Lemaître hatte 1919 in Mathematik promoviert und dann die Laufbahn eines katholischen Geistlichen eingeschlagen. Er beschäftigte sich jedoch weiterhin mit den Naturwissenschaften, insbesondere der Allgemeinen Relativitätstheorie und kam dabei unabhängig von Friedman zu denselben Ergebnissen. Er dachte jedoch noch weiter und meinte, wenn sich das Universum heute tatsächlich ausdehnen sollte, müßte es vor langer Zeit aus einer punktförmigen Verdichtung – einem Urknall, wie wir heute sagen – hervorgegangen sein.

Im Jahre 1924 formulierte er die ersten Gedanken zur Urknalltheorie, die er allerdings nicht veröffentlichte. Drei Jahre später publizierte er seine Gedanken in einem Periodikum der Universität von Louvain, das international keinerlei Beachtung fand. Erst 1931, nach einer Veröffentlichung in der Zeitschrift ›Nature‹, wurde seine Idee vom Urknall einem breiteren Publikum bekannt. Hierin behauptete Lemaître, das Universum könne aus einem Zustand extremer Dichte heraus entstanden sein. »So können wir uns den Beginn des Universums in Form eines einzigen Atoms vorstellen, dessen Atomgewicht der Gesamtmasse des Universums entspricht«, schrieb er. Erst jetzt war die theoretische Idee reif, um unter den Kosmologen ernsthaft diskutiert werden zu können. Vorausgegangen war nämlich eine fundamentale astronomische Entdeckung. Im Jahre 1929 hatte der amerikanische Astronom Edwin Hubble herausgefunden, daß die Galaxien, also Sternsysteme wie unsere Milchstraße, voneinander fortstreben. Nun bekamen Friedmans und Lemaîtres »dynamische Lösungen« einen Sinn: Das Universum dehnt sich aus! Allerdings darf man sich die Bewegung der Galaxien nicht so vorstellen, als hätte es irgendwo im Raum eine Explosion gegeben, welche die Materie auseinandergetrieben hat. Der Raum oder besser die Raum-Zeit an sich dehnt sich aus. Die Galaxien zeigen diese Expansion nur an, da sie sich in dem sich aufblähenden Universum mitbewegen müssen, etwa so, wie sich Rosinen in einem aufquellenden Hefeteig voneinander entfernen. Nicht die Rosinen selbst bewegen sich, sondern der Teig, in unserer Analogie der Raum, dehnt sich aus.

In unserer mittlerweile gewohnten Vereinfachung der Raum-Zeit auf zwei Raumdimensionen läßt sich die Expansion des Universums etwa so veranschaulichen: Man denke sich die Oberfläche eines Luftballons, auf dem Punkte die Galaxien symbolisieren. Wird der Ballon aufgeblasen, entfernen sich die Punkte voneinander. Sie tun dies nicht, weil sie sich selbst fortbewegen, sondern weil sich die Oberfläche (in unserer Analogie also der Raum) ausdehnt.

Dieses Modell zeigt auch sehr anschaulich, daß man aus der beobachteten Fluchtbewegung der Galaxien nicht folgern kann, die Milchstraße befände sich im Mittelpunkt des Universums. Von jedem anderen Punkt auf der Ballonoberfläche aus gesehen ergibt sich derselbe Eindruck. Auch die Idee, der Mittelpunkt des Ballons stehe für das Zentrum des Universums, ist ein Trugschluß. Nur die Oberfläche veranschaulicht das Universum, der innere Hohlraum zählt nicht dazu, denn er bildet im Ballon die dritte Dimension, müßte also im realen Universum eine vierte Raumdimension sein. Für deren Existenz gibt es aber keine Hinweise.

Schwarze Löcher

Schwarze Löcher sind ohne Zweifel die denkbar rätselhaftesten Himmelskörper im Universum – so rätselhaft, daß selbst Einstein an ihre Existenz nicht glauben mochte. Heute sind die meisten Astrophysiker davon überzeugt, daß es sie gibt. Von ihrer Mysteriosität haben sie indes nichts verloren.

Zwar sind sie eine Konsequenz der Allgemeinen Relativitätstheorie, vorhergesagt hat sie aber schon vor über 200 Jahren der unbekannte Naturphilosoph Reverend John Michell. Er fragte sich damals, auf welche Weise die Schwerkraft eines Sterns die Ausbreitung des Lichts beeinflußt. Ganz im Sinne Newtons stellte er sich Licht als einen Schwarm von Teilchen vor. Bekannt war damals bereits, daß sich Licht mit rund 300 000 Kilometern pro Sekunde fortpflanzt. Michell ging nun davon aus, daß Lichtteilchen – ganz genau wie ein in die Luft geworfener Stein – langsamer werden, wenn sie aus dem Schwerefeld eines Sterns oder Planeten entweichen wollen. Er rechnete nun aus, wie stark die Schwerkraft eines Himmelskörpers mindestens sein muß, damit sie die Lichtteilchen gänzlich zurückhalten kann.

Am 27. November 1783 trug Michell vor der ehrwürdigen Royal Society in London seine Überlegungen vor. Wenn ein Himmelskörper mit der mittleren Dichte der Sonne 500mal größer ist als unser Tagesgestirn, so kann von dessen Oberfläche das Licht nicht mehr entfliehen. »Wenn solche Körper in der Natur wirklich existieren sollten«, so schloß der mutige Forscher damals, »könnte uns ihr Licht nie erreichen.« Michells Ideen mögen damals einiges Aufsehen erregt haben, sie blieben jedoch zunächst folgenlos.

1796 kam der französische Philosoph Pierre Simon de Laplace angeblich ohne Kenntnis von Michells Überlegungen in seinem Buch ›Exposition du Système du Monde‹ zu einem ähnlichen Ergebnis. Doch schon zehn Jahre später kündigte sich das vorläufige Ende der »Dunklen Sterne« an. Damals führten physikalische Experimente zu der neuen Vorstellung, daß Licht kein Teilchenschwarm, sondern eine Wellenerscheinung ist. Auf Wellen trafen Michells und Laplaces Überlegung indes nicht mehr zu. Aus diesem Grunde strich Laplace seine Gedanken über die Vorläufer der Schwarzen Löcher aus späteren Auflagen seines Buches heraus. Über hundert Jahre lang ruhte die Idee, bis Einstein seine Allgemeine Relativitätstheorie vorstellte.

Karl Schwarzschild war von der neuen Theorie so begeistert, daß er sich sofort mit der Frage beschäftigte, wie das Gravitationsfeld in der Umgebung eines Sterns aussieht. Hierbei machte er eine sehr merkwürdige Entdeckung: Bei einem bestimmten Abstand vom Stern schienen Zeit und Raum ihre Rollen zu vertauschen: Der Raum wurde zur Zeit und die Zeit zum Raum. So jedenfalls besagten es die Formeln.

Zunächst ignorierten die Theoretiker diese »physikalische Katastrophe«. Sie trat nämlich erst bei sehr kleinen Sternradien auf: Ein Objekt mit der Masse der Sonne beispielsweise müßte bis auf einen Durchmesser von sechs Kilometern schrumpfen, um innerhalb dieses »Schwarzschild-Radius«, wie man die magische Grenze bald nannte, zu liegen. Derart komprimierte Himmelskörper schien es in der Natur aber nicht zu geben.

In den folgenden Jahren enträtselten Astrophysiker weiter die Natur der Sterne. Sie fanden heraus, daß es sich um heiße Gaskugeln handelt, die ihre Energie durch das Verschmelzen von Wasserstoffkernen zu Helium beziehen. Was aber passiert mit einem Stern, wenn er seinen Brennstoff verbraucht hat?

Der indisch-amerikanische Astrophysiker und spätere Nobelpreisträger Subrahmanyan Chandrasekhar fand 1930 heraus, daß ein Stern von maximal 1,4 Sonnenmassen am Ende seines Lebens bis etwa auf die Größe der Erde zusammenschrumpft. Im Innern eines solchen Weißen Zwergs muß die Materie so stark zusammengepreßt sein, daß die Elektronen von den Atomen abgerissen werden und ein »Eigenleben« führen. Sie erzeugen eine Gegenkraft zur Schwerkraft und halten den Kollaps des ausgebrannten Sterns auf. Noch schwerere Sterne müßten indes, so schien es zunächst, unter der eigenen Schwerkraft ohne Halt zusammenbrechen – ein unvorstellbarer Vorgang.

Nur zwei Jahre später entdeckte der Physiker Charles Chadwick den neutralen Kernbaustein, das Neutron. Damit änderten sich die Vorstellungen über den Aufbau der Materie, und eine zweite Klasse noch eigenartigerer Objekte sollte möglich sein: Neutronensterne. Ist ein Stern schwerer als 1,4 Sonnenmassen, so preßt die Schwerkraft, vereinfacht gesagt, die freien Elektronen in die positiven Kernbausteine, die Protonen, hinein. Die dadurch entstehenden Neutronen bauen nun einen starken Druck gegen die Gravitation auf und bewahren den Stern vor dem völligen Kollaps. Es formiert sich ein Neutronenstern mit einem Durchmesser von nur zwanzig Kilometern. Ein Stück dieser Materie von der Größe eines Würfelzuckers würde auf der Erde fast eine Milliarde Tonnen wiegen.

Doch auch diese Neutronensterne sollten nur existieren können, solange der kollabierende Stern nicht mehr als etwa drei Sonnenmassen wiegt. Ist er noch massereicher, müßte die enorme Gravitation auch den Gegendruck der Neutronen überwinden. Was aber passiert dann? Erstmals beschäftigten sich Julius Robert Oppenheimer und sein Schüler Hartland S. Snyder im Jahre 1939 mit diesem unvorstellbaren Vorgang. Nach ihrer Theorie gibt es keine Kraft, die den Kollaps eines Sterns aufzuhalten vermag, wenn er die Massengrenze zum Neutronenstern überschritten hat. Dann wird er theoretisch bis auf einen Punkt zusammenbrechen. Die Mathematiker nennen einen solchen Fall, in dem die Materiedichte unendlich groß wird, eine Singularität. Ein solcher Stern würde natürlich auch den Schwarzschild-Radius unterschreiten. Damit hatte Karl Schwarzschilds rätselhafte Lösung der Gravitationstheorie einen physikalischen Sinn bekommen.

Während der Stern zusammenbricht, wächst seine Schwerkraft in unmittelbarer Umgebung enorm an, und der Raum krümmt sich immer stärker. Unterschreitet der Körper den Schwarzschild-Radius, so schließt sich der Raum sogar um ihn herum. Der Stern schnürt sich sozusagen vom Universum ab. Keine Materie und auch kein Licht kann mehr aus seinem Innern entweichen. Er wird unsichtbar – ganz so, wie es John Michell vermutet hatte.

Da einen äußeren Beobachter keine Kunde mehr aus dem Innern des Schwarzen Lochs erreicht, nennen die Astrophysiker diese gedachte Fläche, die das Innere dieses Objekts vom äußeren Universum trennt, den »Ereignishorizont«. Seine Ausdehnung ist durch den Schwarzschild-Radius festgelegt. Ein Lichtstrahl, der in den Ereignishorizont eindringt, ist auf immer verloren. Er verschwindet im Schwarzen Loch. Ein anderer Lichtstrahl, der tangential auf den Ereignishorizont trifft, wird sich auf ihm im Kreis um das Schwarze Loch herumbewegen. Läuft er etwas weiter entfernt am Schwarzen Loch vorbei, wird er von seiner geradlinigen Bahn abgelenkt und läuft nach einer Kurve in einer anderen Richtung weiter. Dies ist der schon erwähnte Gravitationslinseneffekt.

Bei dem Kollaps eines Sterns zu einem Schwarzen Loch tritt eine interessante Relativität bezüglich des Beobachtungsstandorts auf: Theoretisch müßte die Materie beim Zusammenbruch beschleunigt werden. Von außen betrachtet passiert aber genau das Gegenteil: Der Stern scheint immer langsamer zu schrumpfen, bis die Oberfläche schließlich am Ereignishorizont zu erstarren scheint. Warum das?

Wie wir gesehen haben, vergeht die Zeit um so langsamer, je stärker das Gravitationsfeld ist. Man stelle sich nun vor, daß von der Oberfläche des kollabierenden Sterns periodisch Lichtpulse ausgesandt werden. Die Zeitspanne zwischen zwei Lichtpulsen wird dann, wie beim Ticken einer Uhr, mit zunehmender Schwerkraft immer länger. Da während des Kollapses mit abnehmendem Radius des Sterns die Schwerkraft an seiner Oberfläche anwächst, kommen die Lichtpulse bei einem äußeren Betrachter in immer größeren Abständen an. Erreicht der Stern den Ereignishorizont, so vergeht zwischen dem Aussenden zweier Lichtpulse unendlich viel Zeit. Die Zeit scheint stillzustehen, und für einen äußeren Betrachter erstarrt das Bild. Bis 1967 sprachen die Physiker wegen dieses kuriosen Verhaltens kollabierender Sterne von »gefrorenen Sternen«. Den Ausdruck Schwarzes Loch führte im selben Jahr der amerikanische Theoretiker John A. Wheeler ein.

Ein fiktiver Astronaut auf der Oberfläche eines Schwarzen Lochs empfindet den Kollaps ganz anders. Er wird durch den Ereignishorizont unbemerkt hindurchfallen, so, wie ein Pilot selbst auch nicht registriert, wenn er mit einem Jet die Schallmauer durchbricht. Allerdings wird der wagemutige Astronaut bald von der gewaltigen Gezeitenkraft in Stücke gerissen. Sie entsteht dadurch, daß die Stärke der Raum-Zeit-Krümmung bereits auf dem kurzen Stück seiner Körperlänge stark variiert. In der alten Newtonschen Sprechweise würde man sagen: An den Füßen zieht die Schwerkraft wesentlich stärker als am Kopf. Je massereicher das Schwarze Loch ist, desto länger könnte ein Astronaut den Fall überleben. Der Schwarzschild-Radius eines Schwarzen Lochs mit etwa dreißig Millionen Sonnenmassen beispielsweise beträgt rund hundert Millionen Kilometer, entsprechend etwa der Venus-Umlaufbahn. Durchquert ein Astronaut beispielsweise dessen Ereignishorizont, so könnte er wenige Minuten lang das Innere des Schwarzen Lochs untersuchen, bevor es mit ihm zu Ende wäre. Je näher er der Singulariät kommt, desto stärker wird die Gezeitenwirkung, und schließlich würden gar die Atombausteine zerrissen werden.

Was aber letztendlich mit der Materie in der Singularität passiert, weiß niemand. Wird sie vernichtet, oder taucht sie in einem anderen Universum wieder auf? »Das ist etwas, was ich schrecklich gern wissen würde«, antwortete der britische Astrophysiker Stephen Hawking einmal in einem Interview auf diese Frage, »allerdings denke ich deshalb nicht daran, in ein Schwarzes Loch hineinzuspringen.«

Anfänglich blieb die ganze Geschichte äußerst mysteriös. Einstein selbst, dessen Relativitätstheorie den Stein erst ins Rollen gebracht hatte, glaubte nicht an die Existenz dieser unheimlichen Sterne. In einer 1939 veröffentlichten Arbeit meinte er sogar bewiesen zu haben, daß es sie gar nicht geben könne. Der große Physiker beging darin jedoch einen Denkfehler und beschäftigte sich, soweit bekannt ist, nie wieder mit den ungeliebten Singularitäten. Auch Oppenheimer griff dieses Thema nach dem Zweiten Weltkrieg nicht mehr auf. Erst in den sechziger Jahren rückten diese Ungetüme wieder ins Blickfeld der Astrophysiker. Im Jahre 1963 enträtselte nämlich der amerikanische Astronom Maarten Schmidt die Natur einiger punktförmiger Radioquellen, die man kurz zuvor entdeckt hatte. Es handelte sich um Milliarden von Lichtjahre entfernte Quasare. Schnell wurde klar, daß es sich um die leuchtkräftigsten Objekte im Universum handeln mußte. In einem Gebiet, das nicht größer als unser Sonnensystem sein

Die Größe Schwarzer Löcher

Die Größe eines Schwarzen Loches ist durch dessen Schwarzschild-Radius festgelegt. Dieser grenzt den in sich geschlossenen Raum des Schwarzen Loches vom umgebenden Universum ab. Bezeichnet man den Schwarzschild-Radius mit R_S und die Masse des Schwarzen Loches mit M, so ist

$$R_S = (2G/c^2)\, M,$$

wobei $G = 6{,}672 \cdot 10^{-11}\ m^3\ kg^{-1}\ s^{-2}$ die Gravitationskonstante und $c = 3 \cdot 10^8\ m\ s^{-1}$ die Lichtgeschwindigkeit bedeuten. Gibt man R_S in Kilometern und M in Einheiten der Sonnenmasse an, so wird diese Formel sehr handlich zu:

$$R_S\ (km) = 3\,M\ (M_{Sonne})$$

Das heißt, für die Sonne beträgt der Schwarzschild-Radius drei Kilometer. Ein Schwarzes Loch mit einer Million Sonnenmassen, wie es Astrophysiker im Zentrum unserer Milchstraße vermuten, besäße bereits einen Radius von drei Millionen Kilometern, wäre also viermal so groß wie die Sonne. Die riesigen Schwarzen Löcher im Innern der Galaxien und Quasare mit Massen von einigen hundert Millionen Sonnen wären etwa so ausgedehnt wie die Umlaufbahn von Mars oder Jupiter.

kann, erzeugen sie bis zu einige tausendmal mehr Energie, als sämtliche hundert Milliarden Sterne unserer Milchstraße zusammen.

Bereits ein Jahr nach Maarten Schmidts Entdeckung äußerten der amerikanische Astrophysiker Edwin Salpeter und sein sowjetischer Kollege Boris Zeldowitsch die Vermutung, daß ein gigantisches Schwarzes Loch die treibende Kraft sein könne. Das von ihnen erdachte Modell gilt im Prinzip noch heute. Demnach zieht das Schwarze Loch aus der Umgebung Gas an, das sich zunächst in einer Scheibe um den Zentralkörper herum ansammelt und ihn umkreist. Aufgrund von Reibung heizt sich das Gas auf und leuchtet. Gleichzeitig verliert es durch innere Reibung an Energie und nähert sich auf spiralförmigen Bahnen dem Schwarzen Loch. In der Nähe des Ereignishorizontes wirbelt das viele Millionen Grad heiße Gas bereits mit etwa einem Drittel der Lichtgeschwindigkeit herum. Seine Strahlung läßt die Quasare hell leuchten. Schließlich erreicht die Materie den Ereignishorizont und verschwindet auf Nimmerwiedersehen im Schwarzen Loch.

Nicht nur Gas- und Staubmassen unterliegen der starken Gravitation eines Schwarzen Lochs. Auch ganze Sterne können in dem Malstrom der Raum-Zeit verschwinden. Was bei einem solchen Vorgang genau passiert, ist nicht geklärt. Nähert sich ein Stern dem Ereignishorizont, so wird er Computerrechnungen zufolge durch die Gezeitenkräfte in die Länge gezogen. Das Gas im Innern wird dabei stark zusammengedrückt, was vermutlich dazu führt, daß der Stern explodiert. Bei einem Schwarzen Loch mit etwa einer Million Sonnenmassen wird die Deformation eines Sterns bereits einsetzen, wenn er sich dem Ungetüm bis auf etwa zwanzig Schwarzschild-Radien genähert hat. In Quasaren scheint es Schwarze Löcher mit hundert Millionen Sonnenmassen oder mehr zu geben. In diesen Fällen ist die Gezeitenkraft erst am Ereignishorizont groß genug, um den Stern zu dehnen. Das heißt, in einem solchen Fall fällt der Stern eventuell mitsamt einem Planetensystem wie dem unseren durch den Ereignishorizont hindurch und wird erst im Innern des Schwarzen Lochs zerstört. In diesem Fall dringt von der kosmischen Katastrophe nichts mehr nach außen.

Nun sind die Schwarzen Löcher in den Quasaren und Galaxien wesentlich massereicher als jene, die nach Oppenheimers Theorie beim Zusammenbruch eines Sterns entstehen. Auf welche Weise sich die superschweren Giganten in den Zentren der Quasare bilden, ist nicht geklärt, Computersimulationen haben in den vergangenen Jahren jedoch die These unterstützt, daß sich eine riesige Gaswolke im Zentrum einer sich bildenden Galaxie zu einem solchen Schwarzen Loch zusammenziehen kann. Möglicherweise wird diese Riesenwolke zunächst in kleinere Unterwolken zerfallen und in diesen Fragmenten mehrere Supersterne von vielleicht einer Million Sonnenmassen bilden, die schon nach kurzer Zeit wieder explodieren. Über kurz oder lang aber sollte der Großteil des Gases unter seiner eigenen Schwerkraft zu einem Schwarzen Loch kollabieren.

Denkbar erscheint es auch, daß sich im Zentralbereich einer Galaxie zunächst bei Sternexplosionen kleinere Schwarze Löcher mit einigen Sonnenmassen bilden. Im Laufe von Jahrmilliarden sammeln sie dann immer mehr Materie aus der Umgebung auf und wachsen so bis auf hundert Millionen Sonnenmassen an.

Viele Astronomen vermuten heute, daß sich Schwarze Löcher nicht nur in Quasaren, sondern in fast jeder Galaxie eingenistet haben – auch im Zentrum unserer Milchstraße. Tatsächlich lassen Beobachtungen aus dem Jahr 2009 darauf schließen, daß sich dort ein Schwarzes Loch mit vier Millionen Sonnenmassen verbirgt.

Doch auch die von Oppenheimer und Snyder vorhergesagten »klassischen« Schwarzen Löcher gibt es sehr wahrscheinlich. Aufgespürt haben sie die Astronomen in Doppelsternsystemen, in denen ein Stern ein mutmaßliches Schwarzes Loch umrundet. Beide Körper sind sich so nahe, daß das Schwarze Loch Materie von dem Begleiter absaugt und zu sich herüberzieht. Das Gas sammelt sich zunächst, wie bei einem

Quasar, in einer Scheibe an, wo es sich erhitzt und Röntgenstrahlung aussendet.

In einigen Fällen lassen sich Umlaufdauer und Abstand des Begleitsterns ermitteln, hieraus errechnet sich die Masse des Schwarzen Lochs. Der erste Kandidat für ein solches Doppelpaar wurde zu Beginn der siebziger Jahre entdeckt. Es war die Röntgenquelle Cygnus X1 im Sternbild Schwan. Hier umkreisen sich ein heißer blauer Stern und ein Schwarzes Loch von 16 Sonnenmassen. Weitere Kandidaten sind V404 Cygni mit einem zwölf Sonnenmassen schweren Schwarzen Loch sowie die Röntgenquelle LMC X3 in der Großen Magellanschen Wolke mit einem Schwarzen Loch von mindestens neun Sonnenmassen.

Diese indirekte Nachweismethode entspricht übrigens genau den Überlegungen John Michells, der 1783 schrieb: »Falls andere helle Körper sie [die dunklen Sterne] umkreisen sollten, so sollten wir in der Lage sein, aus der Bewegung dieser umlaufenden Körper mit einiger Wahrscheinlichkeit auf die Existenz des zentralen Körpers zu schließen.«

Vom Standpunkt der Allgemeinen Relativitätstheorie aus betrachtet, leben Schwarze Löcher unendlich lange. Diese Vorstellung änderte sich jedoch, als Stephen Hawking diese Himmelskörper nach den Gesetzen der Quantenmechanik untersuchte. Die Quantenmechanik beschreibt die Bausteine der Materie, die Atome und Elementarteilchen. Bis heute ist es zwar nicht gelungen, Quantenmechanik und Allgemeine Relativitätstheorie unter einen Hut zu bringen, Hawking hatte aber Ansätze zu einer Lösung gefunden und war dabei auf einen merkwürdigen Effekt gestoßen.

Für uns Normalbürger ist das Vakuum einfach das Nichts, Physiker sehen dies anders. Im Vakuum entstehen und vergehen unablässig Teilchen. Das Vakuum brodelt förmlich wie ein Lavasee. Man nennt diese Teilchen virtuell, weil sie nur für eine sehr kurze Zeitspanne existieren. Virtuelle Teilchen entstehen meist paarweise. Bildet sich ein solches Teilchenpaar in der Nähe des Ereignishorizontes eines Schwarzen Lochs, so kann die dort herrschende extrem starke Gezeitenkraft das Paar trennen. Bei diesem Vorgang kann sich ein virtuelles Teilchen aus dem Schwerkraftfeld Energie »abzapfen«, was ihm den Sprung in die Realität ermöglicht. Es wird »wirklich«. Das eine Teilchen kann in das Schwarze Loch hineinfallen. Das andere aber entschwindet in den Weltraum und trägt die Energie mit fort, die ihm das Schwarze Loch zum Sprung in die Realität mitgegeben hat. Diese Energie verliert das Schwarze Loch: Es nimmt ab. Die Abmagerungskur ist nicht gerade effizient. Ein Schwarzes Loch mit der dreifachen Sonnenmasse würde erst im Laufe von 10^{67} Jahren seine gesamte Masse verlieren. Das ist etwa 10^{57}-mal länger als das heutige Weltalter. Hawking vermutet aber, daß sich kurz nach dem Urknall unter dem enormen Druck, der damals im Urgas herrschte, auch kleine Schwarze Löcher gebildet haben könnten. Sie hätten eine Lebensdauer von rund zehn Milliarden Jahren. Sollten tatsächlich im Universum solche Minilöcher mit Massen von einigen hundert Millionen Tonnen, entsprechend der Schwere eines mittelgroßen Berges, entstanden sein, so müßten sie sich heute auflösen. Hawking vermutete, daß sie am Schluß explodieren und dabei Röntgenstrahlung aussenden. Die Suche nach dieser Strahlung blieb jedoch bis heute erfolglos – und damit Hawkings Szenario graue Theorie. Völlig ins Reich von Spekulation und Science-fiction gehören Ideen, durch Schwarze Löcher hindurch in ein anderes Universum zu gelangen oder durch die Zeit zu reisen.

Ein Neutronenstern kann nichts verbergen

Die Existenz Schwarzer Löcher scheint nach der langen Reihe von Indizien, welche die Astronomen in den vergangenen Jahrzehnten zusammengetragen haben, unumstritten zu sein. Ohne Frage sind sie die exotischsten Objekte, die das Universum hervorbringen kann – soweit wir wissen. Aber auch die »kleinen Brüder«, die Neutronensterne, sind eine ideale Spielwiese für das Studium relativistischer Effekte. Wie im letzten Kapitel geschildert, bestehen sie aus unvorstellbar stark verdichteter Materie, und dementsprechend stark ist die Gravitation, sprich die Krümmung der Raum-Zeit an ihrer Oberfläche. Neutronensterne sind im Mittel 1,4 Sonnenmassen schwer und besitzen laut Theorie einen Radius von etwa zehn Kilometern. Damit liegt die Oberfläche nur wenig außerhalb des Schwarzschild-Radius, der vier Kilometer beträgt. Die Raumkrümmung an der Oberfläche eines Neutronensterns ist infolgedessen so stark, daß der Alltag dort eine Fülle von Überraschungen für uns bereithielte.

Beispielsweise würden wir beim Blick aus dem Fenster eines Hochhauses auf die Straße den Eindruck haben, alle Fußgänger, Fahrrad- und Autofahrer würden sich wie in Zeitlupe bewegen. Die Fußgänger indes würden kopfschüttelnd einen Fensterputzer beobachten, wie er in der Höhe seine Arbeit mit ungeahnter Eile erledigt. Würden die Fußgänger aber mit dem Fahrstuhl in den zehnten Stock hochfahren, so würden sie den sich beschleunigenden Zeitverlauf nicht bemerken, weil sich ihre eigene Uhr und ihr Erleben mit zunehmender Höhe mitbeschleunigt.

Auch die Gravitationsrotverschiebung könnten wir erleben. Ein auf dem Boden liegender rot und reif erscheinender Apfel würde sich vielleicht als unreif und grün entpuppen, wenn wir ihn aufheben. Lichtstrahlen werden so stark im Gravitationsfeld gekrümmt, daß wir Objekte sehen, die sich auf der anderen Seite des Globus befinden. Aus diesem Grunde ist auch die Frage interessant, wie ein Neutronenstern aus einiger Entfernung aussieht. Betrachten wir den Mond von der Erde aus, so ist klar, daß wir nur die uns zugewandte Halbsphäre sehen. Bei einem Neutronenstern aber werden Lichtstrahlen von Teilen der uns abgewandten Seite umgebogen und gelangen auf diese Weise zu uns. Wir könnten also um den Stern herumschauen und Bereiche der Rückseite sehen. Je nach Größe des Sterns wären rund achtzig Prozent der Oberfläche erkennbar. Ein Neutronenstern kann also nichts verbergen. Er erschiene uns dadurch auch größer, als es ohne die Raumkrümmung der Fall wäre.

Mit Sicherheit existiert auf Neutronensternen kein Leben. Diese Gedankenspiele geben uns aber Freiraum zum Spekulieren: Welche Art von Geometrie würde ein Volk entwickeln, das in einer derart stark gekrümmten Raum-Zeit lebt? Würde es, wie wir, zunächst eine ebene, euklidische Geometrie erschaffen und glauben, Licht würde von der Schwer*kraft* ihres Heimatsterns angezogen und auf krumme Bahnen umgelenkt? Oder würde es von Anfang an eine Geometrie mit krummen Dreiecken und Kreisen entwickeln, wobei sich die Gesetze, beispielsweise für die Winkelsumme im Dreieck, überdies mit der Höhe über der Oberfläche ändern würden?

Mit zwei besonderen Neutronensternen, die ein amerikanisches Astronomenteam 1974 entdeckte, wollen wir uns im nächsten Abschnitt beschäftigen. Sie stellen ein ideales kosmisches Laboratorium für die Allgemeine Relativitätstheorie dar. Für diese Erkenntnis erhielten die Forscher 1993 den Physik-Nobelpreis.

Gravitationswellen kräuseln die Raum-Zeit

Bei Routinebeobachtungen mit dem 300-Meter-Radiotele-skop von Arecibo, Puerto Rico, wurden Joseph Taylor und Russell Hulse im Sternbild Adler auf ein ungewöhnliches Sternsystem aufmerksam. In ihm umkreisen sich, wie sich bald zeigte, zwei Neutronensterne, wobei die Astronomen von einem der beiden in regelmäßiger Folge Radioimpulse empfingen. Neutronensterne dieser Art waren schon seit längerem bekannt, man nennt sie Pulsare. Was war nun an diesem neu gefundenen Doppelpulsar so aufregend? Hierzu betrachten wir die Entstehung eines Neutronensterns noch einmal etwas genauer.

Neutronensterne entstehen, wenn ein Stern am Ende seines Lebens den Kernbrennstoff verbraucht hat. Dann schleudert er in einer Supernova-Explosion seine äußere Hülle in den Weltraum hinaus, und der innere Bereich bricht in sich zusammen. Dabei entsteht ein Neutronenstern mit einem Durchmesser von etwa zwanzig Kilometern. Bei diesem Kollaps wird nicht nur die Materie enorm verdichtet, sondern auch ein bereits im Stern vorhandenes Magnetfeld zieht sich zusammen und erreicht gewaltige Feldstärken. Die Form des Magnetfeldes kann man sich etwa wie bei der Erde als Dipol vorstellen. Außerdem drehen sich die Neutronensterne rasant um die eigene Achse. Ursache hierfür ist die sogenannte »Impulserhaltung«, die man auch im täglichen Leben, beispielsweise beim Eiskunstlauf, beobachten kann: Dreht eine Eiskunstläuferin eine Pirouette, so wird sie immer schneller, je enger sie die Arme an den Körper legt. Entsprechend rotiert ein Stern immer schneller, je kleiner er wird.

Häufig senden diese rasch rotierenden Neutronensterne entlang der Magnetfeldlinien Strahlung in den Weltraum aus. Wenn nun die Polachse gegenüber der Rotationsachse geneigt ist, durchstreifen die Strahlungskegel das Weltall wie die

Scheinwerfer eines Leuchtturms. Treffen sie dabei auf die Erde, registrieren die Astronomen regelmäßige Strahlungspulse. Ein solcher sogenannter Pulsar pulsiert also nicht, sondern er sendet kontinuierlich Strahlung aus, die in fester zeitlicher Folge über die Erde streicht. Das bedeutet, daß sich der Pulsar zwischen zwei aufeinanderfolgenden Pulsen einmal um seine Achse gedreht hat. (Nur wenn zufällig Rotationsachse und Polachse senkrecht aufeinander stehen und beide Strahlungskegel die Erde überstreichen, entspricht die Zeitdauer zwischen zwei Pulsen der halben Rotationsdauer.) Die schnellsten bekannten Pulsare drehen sich einige hundertmal pro Sekunde um die eigene Achse! Damit rotieren sie nahe an der Zerreißgrenze.

Taylor und Hulse stellten bei ihrem Pulsar mit der Bezeichnung PSR 1913+16 fest, daß er etwa 17mal pro Sekunde rotiert. Das allein ist für einen Pulsar nicht ungewöhnlich. Die beiden Forscher fanden jedoch heraus, daß der Pulsar von einem anderen Neutronenstern umkreist wird. Ihre bedeutende Leistung bestand darin, erkannt zu haben, daß dieser Doppelpulsar eine einmalige Möglichkeit bietet, eine bis dahin nicht überprüfbare Voraussage der Allgemeinen Relativitätstheorie zu testen: Die Existenz von Gravitationswellen.

Als Einstein seine Theorie entwickelte, hatte er wie erwähnt Maxwells Elektrodynamik im Hinterkopf. Ihr zufolge senden zwei sich umkreisende, elektrisch geladene Teilchen elektromagnetische Wellen beispielsweise Radiowellen, aus. Der deutsche Physiker Heinrich Hertz konnte dies Ende des 19. Jahrhunderts experimentell beweisen und legte damit den Grundstein für die heutige Radio- und Fernsehübertragung.

Ganz analog sollten zwei sich umkreisende Körper Gravitationswellen aussenden, die als »Kräuselungen« der Raum-Zeit mit Lichtgeschwindigkeit durchs Universum eilen. Stellen wir uns die gekrümmte Raum-Zeit wieder wie ein gespanntes Gummituch vor. Eine darin liegende Billardkugel erzeugt um sich herum eine Mulde – die Raumkrümmung. Rollt die Kugel auf dem Tuch umher, so wird sich die Mulde mit ihr bewegen, und vielleicht wird sie auch kleine Wellen auslösen, ähnlich wie ein ins Wasser geworfener Stein auf der Oberfläche eines Teiches.

Gravitationswellen sind nun ebenso eine Form von Energie wie elektrodynamische Wellen. Wenn also das Doppelpulsarsystem tatsächlich solche Wellen abstrahlt, so verliert es dadurch Energie. Dies würde sich darin äußern, daß sich die beiden Körper langsam einander annähern. Nach der Allgemeinen Relativitätstheorie würde ihr gegenseitiger Abstand jedes Jahr um lediglich 3,5 Meter schrumpfen. Dies ist natürlich nicht direkt beobachtbar – wohl aber indirekt. Da die Pulse von PSR 1913+16 mit extremer Regelmäßigkeit auf der Erde ankommen, lassen sie sich wie das Ticken einer Atomuhr auffassen. Tatsächlich geht der Pulsar sogar noch genauer als die heutigen Atomuhren. Die beiden Astronomen mußten also, einfach gesagt, die Anzahl der Pulse pro Umlauf zählen und wußten dann, wie lange die beiden Körper für einen gegenseitigen Umlauf benötigen.

Tatsächlich verringerte sich die Umlaufzeit, wie Hulse und Taylor ermittelten, jedes Jahr um 75 millionstel Sekunden, was sich genau durch die Annäherung der Neutronensterne erklären ließ. Je länger die Astronomen den Pulsar beobachteten, desto präziser wurde dieser Wert. Er entspricht heute bis auf weniger als ein Prozent genau der Vorhersage der Einsteinschen Theorie. Diese glänzende Übereinstimmung läßt heute keinen Astrophysiker daran zweifeln, daß Hulse und Taylor indirekt die Existenz von Gravitationswellen nachgewiesen haben.

Gleichzeitig versuchen Physiker, Gravitationswellen auch direkt nachzuweisen. Wo eine solche Welle auftaucht, wird der Raum für den Bruchteil einer Sekunde gestaucht und gedehnt und nimmt dann wieder seine ursprüngliche Form an. Ein Ring beispielsweise würde beim Durchlaufen einer Gravitationswelle kurzzeitig zu einem Oval verformt. Vier Forscher-gruppen in den USA, Italien, Japan und Deutschland versuchen, dieses Phänomen mit sogenannten Interferometern zu messen. Herz dieser Anlagen ist ein leistungsstarker Laser. Dessen Strahl wird mit Hilfe von Spiegeln in zwei Strahlen aufgespalten, die in unterschiedliche Richtungen weiterlaufen. Durch weitere Spiegel werden die Strahlen dann wieder in einem gemeinsamen Punkt zusammengeführt. Beide durchlaufen exakt dieselbe Weglänge. Im Brennpunkt erzeugen die Laserstrahlen ein »Interferenzmuster«, wie die Physiker sagen, eine Art Überlagerungsmuster. Diese Anlagen funktionieren nach dem gleichen Prinzip wie das Michelson-Morley-Interferometer zum Nachweis des Äthers.

Solange die Anordnung ungestört ist, leuchtet das Interferenzmuster unverändert. Rauscht aber eine Gravitations-welle über sie hinweg, wird der Raum etwas gestaucht und gedehnt. In dem Moment durchlaufen die beiden Laserstrahlen nicht mehr einen ebenen, sondern einen verbogenen Raum, ähnlich wie ein Schiff über hohe Wellen fahren muß. Das hat zur Folge, daß diese Strahlen kurzzeitig unterschiedlich lange Wegstrecken zurücklegen, und das äußert sich in dem Interferenzmuster als kurzes Flimmern. Das Interferenzmuster zeigt also an, ob sich bei einem oder beiden Strahlen die Weglänge kurzzeitig geändert hat. Was sich im Prinzip einfach anhört, liegt an der Grenze des technisch Machbaren. Läuft der Laserstrahl über eine Distanz von einem Kilometer, so verändert eine Gravitationswelle die Strecke lediglich um den milliardsten Teil eines Atomdurchmessers, der selbst nur etwa einen zehnmillionstel Millimeter beträgt! Ein auf den ersten Blick völlig aussichtsloses Unterfangen. Eines der größten Probleme besteht darin, jede Art von Erschütterung in der Apparatur oder Schwankung im Laserstrahl zu verhindern.

Eine dieser hypergenauen Anlagen mit dem Namen GEO 600 ging im Jahre 2003 in der Nähe von Hannover in Betrieb.

Außerdem arbeiten in den USA zwei größere Anlagen namens LIGO sowie je ein Gravitationswellendetektor in Italien (VIRGO) und Japan (TAMA300). Sollten diese Anlagen tatsächlich einmal gleichzeitig ein Signal aus dem Universum empfangen, so ließe sich sogar die Position der Quelle am Himmel orten. Als mögliche Kandidaten kommen Doppel-Neutronensterne oder auch Doppelsysteme aus Schwarzen Löchern in Fage, die sich auf engen Bahnen umkreisen oder sich gar bereits so weit einander genähert haben, daß sie miteinander verschmelzen. Auch Supernova-Explosionen sollten bis in eine bestimmte Entfernung nachweisbar sein. Damit ist der Weg offen für einen neuen Forschungszweig: Die Gravitationswellen-Astronomie.

Die Relativitätstheorie im Alltag

Energie aus Materie

Die ohne Frage größte Auswirkung der Relativitätstheorie auf unser Leben dokumentiert sich in der kleinen Formel $E = mc^2$. Der hohe Wert des Quadrates der Lichtgeschwindigkeit hat zur Folge, daß selbst kleinste Materiemengen einen enormen »Energieinhalt« besitzen, wie es Einstein nannte. Auf der Freisetzung dieser Energie basieren Atomwaffen und Kernkraftwerke.

Ende 1938 entdeckten Otto Hahn und sein Mitarbeiter Fritz Strassmann in Berlin die Kernspaltung. Ihre Mitarbeiterin Lise Meitner lieferte von ihrem Exil in Schweden aus die theoretische Deutung dieses bis dahin für unmöglich gehaltenen Vorgangs. Hahn und Straßmann hatten die Spaltung hervorgerufen, indem sie Uran mit Neutronen beschossen. Traf ein Neutron auf einen Urankern, wurde dieser in zwei Kerne von Barium und Krypton zertrennt. Außerdem spritzen mehrere Neutronen aus dem Kern heraus. Würde man all diese Fragmente wiegen, so würde man feststellen, daß sie zusammengenommen nicht genau die Masse des Urankerns ergeben. Es würde ein zehntel Prozent fehlen. Diese fehlende Masse war vorher als Bindungsenergie im Innern des Urankerns vorhanden gewesen und bei der Spaltung freigeworden.

Beim Bau von Atombomben nutzt man aus, daß sich diese Spaltung bei Uran-235 oder Plutonium-239 in einer Kettenreaktion weiter fortpflanzt. Dies geschieht so: Zerfällt Uran-235 aufgrund seiner natürlichen Radioaktivität, schießen zwei oder drei Neutronen aus dem Kern heraus. Treffen diese auf einen anderen Urankern, spalten sie diesen, wobei erneut Neutronen freiwerden, die ihrerseits weitere Urankerne zertrennen. Auf diese Weise setzt eine Lawine von Kernteilungen ein – die Kettenreaktion.

Ist die Menge an Uran oder Plutonium zu gering, der Materialblock also zu klein, kann sich keine Kettenreaktion aufbauen, weil die Neutronen vorzeitig aus dem Material austreten. Es muß eine bestimmte Mindestmenge, die »kritische Masse« vorhanden sein, damit die Kettenreaktion in Gang kommt. Dann wird in Bruchteilen einer Sekunde die Energie für eine Explosion freigesetzt. Bei Atombomben realisieren dies die Techniker, indem sie beispielsweise vier Viertelkugeln des Sprengstoffs getrennt voneinander installieren. Sie besitzen jeweils unterkritische Masse. Dann werden diese Teile mit einem Zündmechanismus ekakt synchron zu einem Block mit überkritischer Masse zusammengeschossen, und die Materiekugel explodiert aufgrund der nun einsetzenden Kettenreaktion. Der Wert der kritischen Masse hängt im wesentlichen vom verwendeten Material (Uran oder Plutonium) und der chemischen Form (Metall oder Oxid) ab. Waffenexperten geben hierfür Werte zwischen zehn und hundert Kilogramm an.

Bei der Kernspaltung wird nur ein Promille der Materie in Strahlungsenergie umgesetzt. 1945 waren dies bei den Explosionen der Bomben von Hiroshima und Nagasaki jeweils nicht einmal ein Gramm Uran beziehungsweise Plutonium. Dennoch war die Wirkung verheerend.

In den Kernkraftwerken läuft die Kettenreaktion kontrolliert ab. Mit der freiwerdenden Strahlung heizt man Wasser auf, dessen Dampf eine Turbine antreibt. Sie erzeugt den Strom. Die Kernenergie, in den Anfangsjahren als Lösung aller Energieprobleme gepriesen, hat sich bekanntermaßen zu einem Problemfall entwickelt. Sie ist einerseits in der Lage, große Energiemengen zu erzeugen, ohne Schadstoffe, wie das Treibhausgas Kohlendioxid oder Stickoxide, in die Atmosphäre zu entlassen. Andererseits hat die Explosion des Reaktors von Tschernobyl gezeigt, daß ein Fehlverhalten der Technik verheerende Folgen haben kann. Darüber hinaus entstehen bei der Kettenreaktion weitere radioaktive Substanzen mit Halbwertszeiten bis 20 000 Jahren. Wo und wie diese Radionuklide endgelagert werden sollen, ist ein weltweit bislang ungelöstes Problem.

Wollte man den gesamten Stromverbrauch in Deutschland von 531 Milliarden Kilowattstunden (1995 einschließlich Industrie und Bahn) aus Kernenergie beziehen, müßte man pro Jahr 23 Tonnen Uran-235 verbrauchen, wobei 23 Kilogramm der Masse in Energie umgesetzt werden. Das entspricht etwa drei zehntausendstel Gramm pro Bundesbürger pro Jahr! In der Praxis muß man noch berücksichtigen, daß sich die Spaltungsenergie nicht verlustfrei in Strom umsetzen läßt. Dennoch demonstriert die Größenordnung der letzten Zahl eindrucksvoll die große Wirkung der kleinen Formel $E = mc^2$.

Mehr Energie läßt sich aus dem umgekehrten Prozeß, der Kernverschmelzung, erzielen. Im Innern unserer Sonne werden bei Temperaturen um 15 Millionen Grad in mehreren Schritten Wasserstoffkerne miteinander verschmolzen. Insgesamt wird bei dieser sogenannten thermonuklearen Reaktion 0,7 Prozent der Materie in Form von Strahlung frei. Dieser Vorgang ist also siebenmal effektiver als die Kernspaltung. Seit etwa vier Jahrzehnten suchen Physiker nach Möglichkeiten, das Feuer der Sonne auf die Erde zu holen. Die besten Realisierungschancen sehen sie derzeit darin, in einem Reaktor Atomkerne von Deuterium und Tritium zu fusionieren. Deuterium ist schwerer Wasserstoff mit einem Neutron und einem Proton im Kern, Tritium ist überschwerer Wasserstoff mit zwei Neutronen und einem Proton.

Damit zwei dieser Kerne miteinander verschmelzen können, müssen sie ihre elektrische Abstoßung überwinden. Möglich wird dies erst, wenn die Teilchen bei Temperaturen oberhalb von hundert Millionen Grad schnell genug dafür sind. Es ist klar, daß jedes Behältermaterial bei diesen Temperaturen schmelzen würde. Man versucht daher, das Gas in einem Magnetfeldkäfig einzusperren und Druck und Temperatur so hoch zu treiben, daß eine selbstlaufende, aber kontrollierbare Fusion, wie im Innern der Sonne, einsetzt. Bei der Fusion von Deuterium und Tritium zu einem Kilogramm Helium wird eine Energie von 120 Millionen kWh frei. Rein rechnerisch müßte man demnach in einem Fusionsreaktor auf diese Weise 4,4 Tonnen Helium erzeugen, um den jährlichen Strombedarf in Deutschland zu decken. Plasmaphysiker in aller Welt forschen auf dem Gebiet der Kernfusion. Derzeit ist der Bau eines Internationalen Thermonuklearen Experimentalreaktors, ITER, geplant. Er soll zeigen, daß es physikalisch und technisch möglich ist, aus der Kernfusion Energie zu gewinnen. ITER wird jedoch nicht als kommerzielles Kraftwerk arbeiten und Strom erzeugen. Auf eine solche Anlage müssen wir wohl noch vierzig Jahre warten.

Navigation aus dem Weltraum

Während die Formel $E = mc^2$ in unserem Leben unübersehbare Auswirkungen hat, sind die übrigen Effekte der Relativitätstheorie im allgemeinen so gering, daß wir sie im Alltag nicht bemerken. Doch in demselben Maße, wie die Bedeutung von erdumkreisenden Satelliten wächst, wird auch die Relativitätstheorie immer wichtiger. Das beste Beispiel hierfür sind das amerikanische satellitengestützte Ortungs- und Navigationssystem Global Positioning System, GPS, und dessen russisches Pendant Glonass.

Das amerikanische Verteidigungsministerium hat viele Milliarden Dollar in die Entwicklung und den Aufbau dieses Ortungssystems gesteckt, das ihre mit speziellen Empfängern ausgestatteten Truppenverbände überall auf der Welt in die Lage versetzt, ihre Position auf einen Meter genau zu bestimmen. Mittlerweile ist dieses System längst ausgereift und wird auch von Zivilpersonen genutzt. Allerdings sind kommerziell erhältliche Geräte lediglich in der Lage, ein von den Militärs absichtlich verschmiertes Signal zu empfangen. Hiermit sinkt die Positioniergenauigkeit auf zehn bis zwanzig Meter.

Darf man jedoch das unverzerrte Signal empfangen, so ist es mit einigen technischen Tricks möglich, Genauigkeiten im Bereich von einigen Millimetern zu erhalten. Diese außergewöhnliche Präzision nutzen beispielsweise Geologen, um die Verschiebung der Kontinente zu messen. Ein Team von Erdbebenforschern hat entlang des San-Andreas-Grabens bei San Francisco ein Netz von GPS-Empfängern installiert, das es ihnen ermöglicht, geringste Bodenverschiebungen zu messen. Ziel dieses Projektes ist es, nach Charakteristika zu suchen, die es vielleicht später ermöglichen, schwere Erdbeben vorherzusagen. GPS wird zunehmend Eingang in unseren Alltag finden. Hiervon ist auch die Europäische Weltraumbehörde überzeugt, die beschlossen hat, ein eigenes Satelliten-Navigationssystem aufzubauen, um sich nicht von dem Goodwill der Amerikaner oder Russen abhängig zu machen. Für die Zukunft wird nämlich beispielsweise angestrebt, Flugzeuge im Flughafenbereich auf wenige zehn Zentimeter genau zu navigieren. Dies hätte den Vorteil, daß sich die Landefrequenz ohne Sicherheitseinbußen erhöhen ließe. Eingang gefunden hat GPS bereits in Luxusautos. Hier leitet es den PKW-Fahrer sicher durch fremde Städte oder um Autobahnstaus herum. Was aber wohl kein PKW-Fahrer weiß: Ohne Einsteins Relativitätstheorie gäbe es kein GPS.

Wie funktioniert dieses System?

In einer Höhe von 20 000 Kilometern umkreisen 24 Satelliten die Erde, die alle mit einer Atomuhr ausgestattet sind und die unablässig die Parameter ihrer Bahn sowie Zeitsignale zur Erde senden. Sie sind so stationiert, daß von jedem Punkt der Erde aus stets von mindestens vier Satelliten am Himmel Signale empfangen werden können. Ein GPS-Empfänger registriert nun die Signale dieser vier fliegenden Atomuhren und errechnet deren Laufzeit. Daraus bestimmt er die Entfernung der Satelliten. Die Umlaufbahnen sind genau bekannt, so daß der Empfänger nun seine eigene Position relativ zu den Satelliten berechnen kann. Dieses Verfahren entspricht demjenigen eines Geodäten, der durch Triangulation das Land vermißt.

Die Basis dieses Ortungssystems bildet also ein Uhrenensemble in der Erdumlaufbahn. Eine Situation, die an das Experiment von Hafele und Keating aus dem Jahre 1971 erinnert. Die Konstrukteure mußten bei Bau und Planung der GPS-Satelliten die Tatsache mit einbeziehen, daß die Uhren in 20 000 Kilometer Höhe einerseits wegen der geringeren Gravitation schneller laufen als auf der Erde und andererseits wegen der Relativgeschwindigkeit zu einem Ort am Boden langsamer gehen. Wie stark diese Effekte der Relativitätstheorie die Genauigkeit der Positionsbestimmung beeinflussen, macht man sich schnell klar. Da sich die Satellitensignale mit Lichtgeschwindigkeit, also zirka 300 000 Kilometer pro Sekunde, ausbreiten, bewirkt eine Abweichung der Satellitenatomuhren von drei milliardstel Sekunden eine Ungenauigkeit in der Positionsbestimmung von einem Meter. In dieser kurzen Zeitspanne legt nämlich das Signal diese Distanz zurück.

Aufgrund der Zeitdilatation in der geringeren Gravitation laufen die Satellitenuhren pro Tag vier hunderttausendstel Sekunden schneller als am Boden. Die größere Geschwindigkeit wirkt sich entgegengesetzt mit nur fünf millionstel Sekunden pro Tag aus. Würde man diese beiden Effekte nicht berücksichtigen, erhielte man mit GPS einen täglichen Fehler von zehn Kilometern, und dieser Fehler würde von Tag zu Tag um denselben Betrag anwachsen.

Ohne Kenntnis der Relativitätstheorie ließe sich ein Ortungssystem wie GPS also gar nicht realisieren. Um eine Genauigkeit im Zentimeterbereich zu erzielen, müssen aber noch viele andere Einflüsse bedacht werden. Hierzu zählt die geringe Abweichung der Satellitenbahnen von der idealen Kreisform, der Einfluß der Gravitation von Sonne und Mond oder die Abweichung der Erdform von einer Kugel. Das hieraus resultierende nicht exakt symmetrische Gravitationsfeld führt beispielsweise zu Positionskorrekturen von bis zu zwei Zentimetern. Auch die Tatsache, daß sich der Empfänger zwischen dem Aussenden und dem Empfang eines Signals auf der rotierenden Erde relativ zum Satelliten dreht, wirkt sich aus. Allein dieser sogenannte Sagnac-Effekt führt zu einem Fehler von einigen zehn Zentimetern bis drei Metern. All diese Einflüsse sind aber korrigierbar – es ist nur eine Frage des Aufwandes.

Glossar

Äquivalenzprinzip
Die physikalischen Gesetze sind in gleichmäßig beschleunigten Bezugssystemen und in einem homogenen Gravitationsfeld nicht unterscheidbar. Anders formuliert: Die bei einer Beschleunigung auftretende träge Masse ist der schweren Masse in einem Gravitationsfeld äquivalent. Oder: In einem Labor, das im Weltraum gleichmäßig beschleunigt wird, laufen alle physikalischen Gesetze genau so ab, als befände sich das Labor beispielsweise auf der Erde unter dem Einfluß der Gravitation.

Äther
Ein hypothetisches Medium, das den gesamten Weltraum erfüllen und als Träger für elektromagnetische Wellen dienen sollte.

Bezugssystem
Ein fiktives Laboratorium oder ein abstraktes Koordinatensystem, das sich in bestimmter Weise durch den Raum bewegt.

Doppler-Effekt
Ein nach dem österreichischen Physiker Christian Doppler benannter Effekt, wonach sich die Wellenlänge von Schall oder einer elektromagnetischen Welle verändert, wenn sich Quelle und Empfänger aufeinander zubewegen oder sich voneinander entfernen. Im ersten Fall ist die Wellenlänge beim Empfang kleiner als beim Aussenden, im zweiten Fall ist sie größer (siehe auch Rotverschiebung).

Elektromagnetische Welle
Ein periodisch schwingendes elektromagnetisches Feld, das sich mit Lichtgeschwindigkeit ausbreitet. Radiowellen, Mikrowellen, Infra-

rot-, UV- und sichtbares Licht sowie Röntgen- und Gammastrahlung sind elektromagnetische Wellen, die sich in ihrer Wellenlänge unterscheiden.

Ereignishorizont
Begrenzungsfläche, die das Innere eines Schwarzen Lochs vom umgebenden Universum trennt. Der Radius des Ereignishorizonts eines nicht rotierenden, kugelsymmetrischen Körpers ist der Schwarzschild-Radius.

Euklidische Geometrie
Von dem griechischen Mathematiker Euklid (um 300 vor Christus) zusammengestellte geometrische Axiome und Definitionen, die in der Ebene oder in einem ungekrümmten Raum gelten. Darin enthalten sind die wesentlichen Axiome, wie sie heute noch in der Schule gelehrt werden und wie sie die Geometer zur Landvermessung anwenden.

Galaxie
Sternsystem wie unser Milchstraßensystem. Man unterscheidet im wesentlichen aufgrund der Morphologie zwischen elliptischen, irregulären und Spiralgalaxien. Galaxien können bis zu tausend Milliarden Sterne enthalten.

Geodäte
Die kürzeste Verbindungslinie zwischen zwei Punkten. In einem euklidischen Raum sind Geodäten Geraden, auf einer Kugeloberfläche sind es Großkreise, wie die Längengrade und der Äquator auf der Erde.

Gravitationslinse
Gravitationsfeld eines Himmelskörpers, welches das Licht entfernterer Objekte ablenkt und sie so mehrfach oder verzerrt am Himmel abbildet.

Gravitationswelle

Mit Lichtgeschwindigkeit sich ausbreitende »Kräuselung« der Raum-Zeit. Gravitationswellen sind das Pendant zu elektromagnetischen Wellen.

Inertialsystem

Das erste Newtonsche Axiom der Mechanik lautet: Ein Körper bleibt in Ruhe oder bewegt sich mit konstanter Geschwindigkeit, wenn keine resultierende äußere Kraft auf ihn einwirkt. Ein Bezugssystem, das diesem Axiom gehorcht, heißt Inertialsystem. In der Speziellen Relativitätstheorie unterscheidet man nicht mehr zwischen ruhenden und gleichförmig bewegten Systemen. Hier sind alle gleichförmig, also mit konstanter Geschwindigkeit sich bewegende Systeme gleichberechtigt.

Längenkontraktion

Phänomen, daß bewegte Körper in Bewegungsrichtung verkürzt erscheinen. Wird auch Lorentz-Kontraktion genannt.

Lichtjahr

Astronomische Längeneinheit, die Strecke, die das Licht im leeren Raum während eines Jahres zurücklegt: knapp zehn Billionen Kilometer.

Lorentz-Kontraktion

Sinnverwandt mit Längenkontraktion.

Quasar

Kompaktes Zentralgebiet einiger Galaxien. In einem Gebiet, das vermutlich nicht wesentlich größer als unser Planetensystem ist, wird größenordnungsmäßig soviel Strahlung erzeugt wie von allen Sternen der umgebenden Galaxie zusammen. Astrophysiker vermuten Schwarze Löcher als Ursache für diese enorme Energieproduktion.

Rotverschiebung
Vergrößerung der Wellenlänge einer elektromagnetischen Welle. Dieser Effekt kann entweder auftreten, wenn sich Quelle und Empfänger voneinander entfernen (Doppler-Effekt) oder wenn die Quelle sich in einem Gravitationsfeld befindet (gravitative Rotverschiebung). Die Rotverschiebung der Spektren entfernter Galaxien spiegelt die Expansion des Universums wider.

Schwarzes Loch
Ein Raum-Zeit-Gebiet, in dem die Gravitation so stark ist, daß aus ihm weder Materie noch Licht entweichen können. Schwarze Löcher entstehen nach der Allgemeinen Relativitätstheorie, wenn der Zentralbereich eines massereichen Sterns am Ende seines Lebens in sich zusammenbricht. Schwarze Löcher vermutet man in speziellen Doppelsternsystemen und in den Zentren aktiver Galaxien und Quasare.

Schwarzschild-Radius
Radius eines Schwarzen Loches.

Weltlinie
Linie, die eine elektromagnetische Welle, ein Teilchen oder ein Körper im Raum-Zeit-Diagramm beschreibt.

Zeitdilatation
Phänomen, daß die Zeit in einem Bezugssystem um so langsamer vergeht, je schneller es sich bewegt und je stärker das Gravitationsfeld in diesem System ist.

Weitere Literatur

Die Literatur zur Relativitätstheorie und zu Einstein ist unübersehbar. Es gibt zahlreiche Werke auf unterschiedlichen fachlichen Niveaus. Hier eine Auswahl, in der ich Hochschulbücher ausgespart habe.

Einsteins Leben und Werk
A. Fölsing, ›Albert Einstein. Eine Biographie‹. Suhrkamp Verlag, Frankfurt/M. 1993.
Die derzeit wohl ausführlichste Biographie Einsteins, die auch auf seine Ideen und die Relativitätstheorie eingeht.
A. Hermann, ›Einstein. Der Weltweise und sein Jahrhundert‹. Piper Verlag, München 1994.
Eine lebendig verfaßte Lebensbeschreibung, die Einstein vor allem im historischen Umfeld zeigt.
A. Pais, ›»Raffiniert ist der Herrgott ...«. Albert Einstein. Eine wissenschaftliche Biographie‹. Vieweg Verlag, Braunschweig 1986.
Der Klassiker unter den Biographien, leider zur Zeit vergriffen.

Originalarbeiten Einsteins
Einstein war nicht nur ein genialer Physiker, er verstand es auch, seine Ideen einem breiteren Publikum zu erklären. Man sollte sich daher nicht den Genuß entgehen lassen, den Meister selbst zu lesen.
A. Einstein, L. Infeld, ›Die Evolution der Physik‹. Neuauflage Rowohlt Verlag, Hamburg 1995.
Einstein und sein Mitarbeiter verfolgen hier die Entwicklung der Physik von Newton bis zur Allgemeinen Relativitätstheorie. Auch die Quantenmechanik, zu der Einstein ganz wesentliche Beiträge geleistet hat, wird aus der Sicht von 1950 geschildert.

A. Einstein, ›Mein Weltbild‹. Ullstein Verlag, Frankfurt/M. 1989.
Eine Essaysammlung zu wissenschaftlichen, politischen und religiösen Themen.

K. v. Meyenn, ›Albert Einsteins Relativitätstheorie. Die grundlegenden Arbeiten‹. Vieweg Verlag, Braunschweig 1990.
Eine kommentierte Sammlung von zwölf Originalarbeiten Einsteins aus den Jahren 1905 bis 1948. Natürlich nur etwas für Begeisterte, welche die Originale studieren möchten und vor der Mathematik nicht zurückschrecken.

Zur Speziellen und Allgemeinen Relativitätstheorie

Die folgenden drei Bücher behandeln die Spezielle und Allgemeine Relativitätstheorie. Sie sind Teil der Reihe »Grundkurs Physik« im Vieweg Verlag und behandeln die Themen auf dem Niveau des gehobenen Physikunterrichts in Gymnasien. Wegen ihrer kompakten und klaren Darstellungsweise und den zahlreichen Zahlenbeispielen sind sie unbedingt empfehlenswert.

H. und M. Ruder, ›Die Spezielle Relativitätstheorie‹. Vieweg Verlag, Braunschweig 1993.

R. Sexl und H. K. Schmidt, ›Raum – Zeit – Relativität‹. Vieweg Verlag, Braunschweig 1991.

R. und H. Sexl, ›Weiße Zwerge – Schwarze Löcher‹. Vieweg Verlag, Braunschweig 1975.

H. Fritzsch, ›Eine Formel verändert die Welt‹. Piper Verlag, München 1993.

Der theoretische Physiker bringt hier in Form eines fiktiven Gesprächs zwischen Newton, Einstein und Haller (alias Fritzsch) die Spezielle Relativitätstheorie nahe.

H. Fritzsch, ›Die verbogene Raum-Zeit‹. Piper Verlag, München 1996.

Erneut diskutieren Newton, Einstein und Haller, dieses Mal über die Allgemeine Relativitätstheorie. In beiden Büchern betont Fritzsch die Auswirkungen der Relativitätstheorie auf die Elementarteilchenphysik.

B. Hoffmann, ›Einsteins Ideen‹. Spektrum Akademischer Verlag, Heidelberg 1988.
Preisgünstige unveränderte Neuausgabe 1997. Sehr anschauliche und grundlegende Darstellung, in der auch die klassische Physik ausgiebig dargestellt wird. Bei der Allgemeinen Relativitätstheorie fehlen allerdings sämtliche astrophysikalischen »Anwendungen«.

J. A. Wheeler, ›Gravitation und Raumzeit‹. Spektrum Akademischer Verlag, Heidelberg 1991.
Der berühmte Theoretiker schildert sehr anschaulich und unterstützt von zahlreichen Bildern die vierdimensionale Ereigniswelt der Allgemeinen Relativitätstheorie.

E. F. Taylor u. J. A. Wheeler, ›Physik der Raumzeit‹. Spektrum Akademischer Verlag, Heidelberg 1994.
Eine ausführliche Einführung in die Spezielle Relativitätstheorie ohne schwierige Formeln, aber mit gerechneten Beispielen.

H. Goenner, ›Einsteins Relativitätstheorien. Raum, Zeit, Masse, Gravitation‹. Verlag C.H. Beck, München 1997.
Knappe Einführung in die Spezielle und Allgemeine Relativitätstheorie auf dem Niveau der gymnasialen Oberstufe.

›Einstein Digital‹. CD-ROM, Spektrum Akademischer Verlag, Heidelberg 1996.
Einsteins Leben und seine Ideen auf multimediale Weise vermittelt.

Martin Kornelius hat im Internet eine Homepage erstellt, auf der es möglich ist, die Zeitverlangsamung in den Gravitationsfeldern verschiedener Himmelskörper auszurechnen. Adresse:
http://www.kornelius.de/arth/

Register

Register

Register